让阅读走心
让阅历丰盛

# 把生命活给自己看

吴在天——著

北京联合出版公司
Beijing United Publishing Co.,Ltd.

图书在版编目（CIP）数据

把生命活给自己看 / 吴在天著. -- 北京 : 北京联合出版公司, 2018.10
ISBN 978-7-5596-2483-3

Ⅰ. ①把… Ⅱ. ①吴… Ⅲ. ①心理学－通俗读物 Ⅳ. ①B84-49

中国版本图书馆CIP数据核字（2018）第212029号

把生命活给自己看
作　　者：吴在天
选题策划：贰阅文化传媒（北京）有限公司
责任编辑：徐　鹏
策划编辑：李艳玲
封面设计：新艺书文化
版式设计：零创意文化

---

北京联合出版公司出版
（北京市西城区德外大街83号楼9层　100088）
北京晨旭印刷厂印刷　新华书店经销
字数188千字　787毫米×1092毫米　1/16　16.25印张
2018年10月第1版　2018年10月第1次印刷
ISBN 978-7-5596-2483-3
定价：49.00元

---

# 推荐序

每个人都有自己的生命模式，这个生命模式导演了自己生命中的轮回。

我们该为这种轮回观庆幸，因为，这个轮回中的导演不是别人，而是我们自己。

所以，我们要好好去认识自己，认识这个深藏于内心而又常常不为我们所知的导演。

古希腊先哲苏格拉底说，认识你自己，照顾你的心灵。他用他自己发明的苏格拉底问答法，在一次次辩论中破解别人所执着的逻辑，让其发现，他们所执着的任何一个信念从逻辑上来讲都是靠不住的。

在观照我自己的生命中，在和无数人深谈中，在治疗中，我发现，每个人的心都被一套模式给困住了，认识到这套模式，就可以将心解放，我们就可以获得自由。

这套模式，用两句话可以概括：

关系就是一切，一切皆为关系；

世界是相反的。

第一句的意思是，我们的一切言语、行为和想象等，都是发生在关系中，而且都是为了获得关系中的认可。

譬如，一个严重的抑郁症患者，处在深度的抑郁中一动不动，不和任何人做任何沟通。看起来他的抑郁是一个人的，其实他是抑郁给某个人或某些人看的。

又如，我的一个来访者，处于某种自己不满的工作状态已多年，总想突破但又总突破不了，最后发现，她的心所执着的模式令她自己陷入了一种可怜状态。她之所以陷入这种状态，是期望有一个人出现，去怜爱她，并将她拉到舞台中央，那时她便会大放光彩。

你的生命状态，又是在等待谁、想表现给谁看的呢？

第二句的意思是，那些令我们最头疼最苦恼的，恰恰是自己内心最需要历练的。

这一点在恋爱上尤其如此。一开始，我们几乎总是因为不同而被吸引，但爱情关系建立后，我们又总是为不同而痛苦，我们希望对方改变，但忘记了我们最初对这些是何等痴迷。

心追求的是圆满，所以，那些令我们痛苦的，恰恰是自己最欠缺最需要去学习的，所以我们在爱情上做选择时绝不是瞎子。相反，我们的每一个选择都非常有道理，问题是，自己能否领悟到这个道理的所在。

在天这本书里的《你觉得是在给，其实是在要》一文中，就描述了病理性利他这种心理防御模式，你帮助别人，帮助到了连自己都比别人过得差，这就叫作病理性利他。其逻辑是：你拼命给，但内心是想要，因童年被照顾得太差，以至于你觉得你的正常需求是贪婪，而给别人时，就避开了贪婪，但容易把别人变得贪婪。

在亲子关系中这一点也有充分的展现。我屡屡发现，非常优秀的父母却有非常无能的孩子，其根本原因是，父母的优秀是为了对抗自己内心的自卑感，所以他们追求优秀的同时会感觉到随时袭来的无助感，于是他们用一切方式将这种无助感排挤出去，而最有效的方式是排挤给周围的人，不幸的是，孩子跟随他们的时间最多，所以孩子最多承受了他们的无助感。

无论是第一句话，还是第二句话，我概括出的内心模式的这两个特点，都可以在三个最重要的关系中得到充分的体现，这三个重要关系即我们与父母的关系、我们与孩子的关系，以及我们与恋人的关系。

但我们最终会发现，我们与孩子的关系、我们与恋人的关系，都是我们的心在外部的映现，这两个关系中令我们喜悦和令我们痛苦的，都可以在我们的心中找到答案。

在关系中理解自己，认识到真正的自己，才能活出自己的生命。

最后特别想说的是，吴在天的笔触非常细腻，他的文字中，有一股活力从不间断地在流淌，有了这样的活力，一本书就可以是滋养的了。

**武志红**

# 把生命活给自己看

我的一位朋友每次去KTV唱歌，总是把歌曲唱得很搞怪，比如他会特意变个腔调唱，而且看起来还活跃了场内的气氛。

我一直以为这就是他的风格。然而有次和这位朋友聊天，他说他这么唱，很多时候是为了遮住自己真实的唱腔。因为怕被笑，怕被说五音不全，所以干脆先自毁形象，让大家觉得他是特意搞怪，也就看不到他的真实了。

他给自己戴上一个面具，无论这个面具是走偶像路线还是喜剧路线，起码，他真实的自我被遮住了，这样，他就不会担心自己受伤了。

我们何尝不是一样，平时戴着各种面具，就是怕真实的自己会受伤。

我们给自己的成长裹上了一层层的外套，这些外套是保护我们的，可以防御保护内心不那么痛苦，但同时，也容易阻隔真我与世界的碰触，阻碍亲密关系的发展。

比如我的那位朋友，他一个人唱歌的时候，他觉得唱得很好，但是在一群人面前，他始终无法唱出，一开口就忍不住变个搞笑搞怪的腔调。但他其实很想试试真正在众人面前去唱一首歌，而不是每次都像小丑一样给大家活跃气氛。

这些保护层是怎样来的？

我们小的时候，经常被教导说：不许哭，哭了不是好孩子。于是，我们学会了假装坚强，受伤时候的柔弱被否定了；于是，我们加一件坚强的外套把受伤的柔弱隐藏了。

加上的外套有什么用?

保护自己，迎合他人。因为别人不接受我柔弱的样子，所以我假装坚强，这样父母就接受我了，我的重要他人就接受我了，大众就接受我了。

我们害怕的是别人不接纳真实的自己，所以，我们慢慢把自己变成另外的样子。

我们学会了要低调，要为他人着想，要谦虚；男人要坚强，女人要温柔。太多太多诸如此类的标签。

我们的生命变得不再是活给自己的，而是活给别人看的。

我们的生命就这样被限制住了。

所以活得压抑，活得不快乐。有愤怒不敢表达，有情绪迁怒他人，甚至难过了还哭不出来。

我们学会了不敢表达自己的愤怒，我们没有了自己的边界，也看不到他人的边界，我们学着和父母一样，也变得不再尊重孩子的边界。

我们因为不敢直接表达情绪，学会了隐形攻击、被动攻击。我们无法表达的情绪，很可能又间接地将愤怒转移到了孩子、伴侣的身上。

试想一下这个画面，你的老板无故对你发脾气，回到家你又对你的伴侣发脾气，伴侣很无辜，又冲着你们的孩子出气，孩子怎么办，他可以找谁出气，找比他弱小的人出气？而更可怜的是，孩子再次走进了这个轮回里面，就像我们一样。

人的内心有种自我保护的防御机制，在不同的成长环境下，可以发展出一些保护自己，让自己不会意识到的心理防御。比如，有的人很渴望依靠，却比谁都独立；有的人很想拥有，却比谁都付出得多。

防御的背后，常常是渴望的泪水。

这些从小习得的心理防御机制，曾经保护过我们的内心，却又在不合时宜地破坏着亲密关系，甚至让孩子再一次重复我们的命运。

我在这本书的文章里面，谈到了很多平时我们身边发生的事情，也谈到了我们常常使用的一些心理防御机制，了解自己的内心，才能够理解行为背后的动机。

理解自己在防御什么，才有可能知道自己真正想要什么，才能真正地把生命活给自己看。

# 目录

## 第一章 在关系中理解自己


003 在关系中理解自己
011 我们为什么总因小事起争吵
017 他怎么可以不懂我
022 有一种自卑叫试探人性
027 总是忍不住迁怒家人，怎么办
032 如果我不能满足你，你还会爱我吗
038 爱是温暖和照亮，不是牵绊和控制
044 高情商的孩子，都有父母情绪稳定的陪伴


## 第二章 触碰心墙的防御，才能打破自我的设限


053 为什么我总是优柔寡断没主见
058 别人看着我做事，为何我会做不好
064 你明明是受害者，为何还有负罪感
069 别人都没有拒绝，我却先拒绝了自己
075 孩子的世界，源于父母给他的人生信条
081 因为有爱，所以自信
086 过度自责，是为了内省，还是为了上瘾
091 过分独立的背后，藏着对爱的渴求

## 第三章 真实地爱自己，才能真正地爱别人

099 哭出来的是悲伤，哭不出来的是抑郁
104 父母的共情，是孩子认识情绪的镜子
109 我们都渴望被看见，却常常视而不见
114 抑郁的妈妈，希望你也被温柔抱持
119 我想要的是拥抱，而你却跟我讲道理
124 我最怕的，就是你们太担心我
129 他完全可以做，为何总想依赖我
134 你觉得是在给，其实是在要

## 第四章 尊重情绪，才能尊重边界

141 你是否也变成情绪没有长大的成年人
146 别让情绪拉远了亲密关系的距离
151 他越是对我不好，我越是离不开他
157 明明恨他，为何对他反而更好
163 明明对他愤怒，为何自我攻击
168 凭什么你做不好却指责我
173 别再拯救别人的情绪了
178 不要破坏孩子自我的心理边界
185 当我们在嫉妒的时候，我们在防御什么

## 第五章 跳出命运，才是命运赋予我们的意义

193 有没有那么一刻，就想和父母对着干
199 每个孩子，都曾无条件地爱着父母
204 你是否也给孩子导演了一部惊悚片
209 成长，就是父母温和地把孩子从身边赶走
215 你想过与父母和解的目的是什么吗
221 愿每个女孩，都有被爱照亮的生命
227 人生遭遇无法左右，但你可以决定自己的活法
233 好好活着，才是死亡赋予生命的价值
238 跳出命运，才是命运赋予我们的意义

# 第一章
# 在关系中理解自己

## 在关系中理解自己

我们每个人都活在关系中，我们常常纠结在关系里。我们执着于自我的感受，却又忽略自我的真实认知。这是如此矛盾，却又那么现实。

我们常说理解万岁，因为理解并不是那么容易的事。而理解自己，可能是理解中最难去理解的一件事了。

有次参加了一个关于“妈宝男”的群分享讨论，最后问题来了，有什么对策？如何改变妈宝男，也许不是真正的问题，真正的问题是去认识自己的内心，为什么你会找妈宝男，是什么吸引了你。

因为**当你真正理解了自己，改变就会自然而然地发生。**

也许你不一定认同这个观念，因为人们总会自恋地认为自己知道问题出在哪里，好像无论如何努力，似乎都改变不了。就像韩寒电影《后会无期》中的台词，“听过很多道理，依然过不好这一生”。

这很可能是因为我们只是停留在“理性的知道”而已。

真正的理解是感性的理解、情感的理解。在理解的那刻，你似乎是可以重新体验到自己的这个问题是如何发生的。而且，你也能清楚地知道，自己已经不是过去的自己，不再是那个受伤无助的小孩，你已经成长了，没有必要再像过去一样用自我欺骗的方式来保护自己不受伤害，那么，变化就已经悄然发生了。

什么是感性的理解，举个简单的例子。

一位女性朋友曾经聊起在她坐月子期间的一些感受。她的情绪非常糟糕，身体还未恢复，晚上还要喂奶，整晚会有至少四五次的喂奶时间，刚刚睡着又会被孩子吵醒。特别困的时候，总会有种莫名的愤怒感。而且她经常会冒出一些奇怪的念头。譬如担心自己睡觉时会不会突然压到孩子，担心给孩子系抱被带时系得太紧让孩子窒息。还有很多其他在带孩子期间可能出现的孩子被她伤害的联想。她意识上一再告诉自己不该这么想，但总是忍不住。

她开始自我觉察，了解自己的内心，觉知自己。

某天，她突然有种特别的感觉。那些对孩子的念头，不是她真正想要的。但为什么会想得那么细致。那一刻，她感觉到很可能那是她的妈妈当时对她的态度和想法。想到此的时候，她止不住地流下眼泪，她仿佛看到了自己曾经是孩子时候的状态，是那么的可怜和悲惨。

她觉察到，那些情绪和念头是一种轮回，她体验到了妈妈生她之后的一些体验。是孩子的诞生，她和孩子的关系，激发了她过去的创伤体验。

她开始让受伤的内在孩子和内在父母对话。当然，这个过程并不轻松，甚至痛苦。自身的创伤被激发出来，跟痛苦在一起，慢慢疗愈自己。当她再度拥抱受伤的内在孩子时，她的生命轨迹也发生了改变，终止命运的轮回。

孩子的出生，勾起了她幼时的情绪体验。她在和孩子的关系中，理解了她和父母之前的关系。

**我们会在不同的关系中去展现自己和成为自己。越是重要的关系，我们的内在部分、自我就会呈现得更多。**

而我们生命最初的关系，就是孩子和妈妈之间的关系，我们的自我、人格的形成，就是在头几年和妈妈（或者其他重要的养育者）之间的互动关系中形成的，这些关系模式构成了我们的人格。

内在关系模式在 6 岁前会基本建立，也就是说在童年时，孩子与父母等重要亲人的现实关系已内化，构成他的基本人格，影响他的一生。由此可以看到，父母与孩子童年时的关系模式无比重要。

然后，我们就带着这些内化的关系模式去和自己、他人及整个外部世界相处。

这些内在的关系模式，用简单而形象的语言来解释，那就是“内在的父母”和“内在的小孩”之间的关系。

我们会把这些关系模式投射到外部的一切，比如你和恋人、同事、朋友的关系。而且这些关系模式也形成了我们的一些性格或者人生态度，比如自信、自爱、自责等。

**我们与外界万事万物的关系，特别是与重要他人的关系，和我们内心其实是互为镜子的。我们在关系这面心灵的镜子中呈现出自己，而抚养者是我们最初的镜子，它定义了我们是谁，我们是否有存在感，我们是否有价值感。**

但如果我们，特别是当我们还是孩子的时候，从没有被父母看见，或者偶尔才被看见，我们的存在感就是破碎的，甚至是不存在的。那我们的自我就会有各种各样的问题，譬如自我价值感低、不自信、缺乏力量等等。

当孩子的感受不被妈妈看见时，孩子为了维持关系会围着妈妈的感觉转，就会失去自我。我们的感受不被看到，这种感觉太可怕了。所以我们会形成各种各样的保护层，发展出各种策略切掉真实的感受。

比如我见过的一些女性来访者，总是在感情中怀疑对方不够爱自己，觉得对方对自己的关注度不够。怎么样才算够爱？连她们自己都答不上来。

还有就是始终无法发展亲密关系，发现自己不能、不敢去爱人或者是被人爱。

为什么？很可能是因为童年有过严重的被抛弃创伤，内在的小孩对获得内在的父母的爱完全没有信心。所以总会怀疑对方不够爱自己。

而无法去爱人或被人爱，正是因为内在的小孩对得到内在父母的爱的严重不自信，无法承受亲密关系的打击而发展出的一种心理保护，但也成为一种极端的铜墙铁壁，让自己走进了孤独。

每一个重要的亲人，都会内化到我们心灵深处，我们童年时与每一个重要亲人的关系模式，都可能会成为我们内在关系模式的重要组成部分，并在我们目前的现实关系中得以体现。

## 我们和自己的关系

经常会听到很多人说，接受自己，爱自己。但是，如果你的“内在的父母”与“内在的小孩”冲突性很强的话，这是并不容易做到的。

譬如自责，如果从内在的关系模式去看，其实就是“内在的父母”责怪“内在的小孩”。我们偶尔在生活或工作中会出现小错误，尽管没有受到任何处罚或批评，有人却总是会忍不住责怪自己。而有人则相信自己下次会做得更好，并不断寻找到更好的办法。

这就是我们每个人与自己的关系处理的方式不同。

同样，自信其实就是“内在的父母”赞赏“内在的小孩”；自爱，就是“内在的父母”爱“内在的小孩”。

## 我们和恋人的关系

说到亲密关系，我不知道你们现在的恋爱或者感情是如何，但我觉得有一点也许是一样的。我们都是在恋人身上寻找另一个爸爸或妈妈。每个恋爱故事都像是在重演一次我们与父母的关系。

我听女性来访者提到最多的大概就是，“我发誓不找和我爸一样的男人，但为什么结婚后他变得和我爸越来越像”。

心理学家武志红说，恋爱是为了重温童年的美好，修正童年的错误。

强调一下，是重温美好，不是寻找美好。因为，你找到和父母相似甚至一样的人才能重温美好，而不单单是因为美好的爱情。同样，是修正错误，不是避开错误。因为，你遇到一个人，重构童年的错误局面，你才有修正的机会。所以你对没有错误的人是不感兴趣的，因为这样你就没有机会去完成童年没有完成的功课。

所以，恋爱前你没有看到的会在结婚后看到。发誓不找和爸爸一样的男人，在结婚后才发现他们越来越像了。

我也听过不少女性的朋友谈到自己的“妈宝男”先生，网络上也流传很多关于“妈宝男”的改造方案，但似乎成功的经验不多。我想说的是，除非是“妈宝男”自己渴望自我认识和成长，否则改造的成功概率是很低很低的。

最重要的是，女性应去反思自己为何会选择这类男人。

简单地说，通常是因为童年的被忽视，对得到爱和重视缺乏信心的女人，安全感低。而“妈宝男”是极度的失去自我、围绕女性（母亲）的感受去转的人。恋爱的时候，你会觉得他一切都围着你，而结婚后，你会发现他和母亲的情感纠结才是痛苦的开端。

当然，作为“妈宝男”，他的内心也是痛苦的。那真正的原因是什么呢？“妈宝男”未断奶。不是“妈宝男”不想断奶，而是婴幼儿时期得到的爱实在太少。婆婆看上去超级溺爱儿子，其实她不一定有真爱的能力。

尤其在婴幼儿时期，母婴之间爱的链接可能非常少。有的是实际上的分离，比如早早断奶，妈妈去上班；也有妈妈一直在儿子身边，但是内心干枯冷漠，和孩子没有情感呼应，孩子的感受依然是被抛弃。

这样的关系可破吗？一方面是情感极度孤独的妈妈对儿子的占有欲，一方面是恐惧被抛弃的儿子对妈妈的依恋，二者合力，这种关系非常难破。除非“妈宝男”自己渴望自我认识、心理成长，愿意从病态纠缠的关系中走出来。

不幸的是，觉得关系大有问题的通常是女性，男性很少认识到这些问题。

假若你嫁入这样的家庭，一定会感觉很痛苦。但最重要的是反思自己为何会选择“妈宝男”。只有反思自己，自我成长，才能从关系中解脱出来。

恋爱的关系中，我们面对的不仅是和恋人的关系，更要在这层关系中好好地面对和自己的关系。

我听过不少来访者的故事。她们年轻、漂亮，甚至还有自己的事业，但是在爱情上，她们对自己没信心。不管她们的外在条件如何，内心是自卑的，一旦爱上了，就会觉得自己在对方面前没有什么分量。而似乎最有吸引力的就是身体，就是性，或者是自己认为最重要、最值钱的一切。所以一旦想得到爱或者担心失去对方的时候，就很容易将自己奉献出去。

假如你正处于这么一个时刻，是否准备把身体交给对方？我建议你可以放慢“恋爱”节奏，并且和你的朋友去说说你的感受。

告诉自己你是值得爱的，让“担心失去爱”“担心失去他”的行为和念头少一些。告诉你的“内在孩子”，“内在父母”是爱她的。

当你对自己有信心，对自己能被爱、能获得爱有信心的时候，你对自己的爱情就会有信心。

另外，爱情是两个人的事情，你可以为爱情努力，但不是说努力就一定会有结果。我们并不能左右另一个人的思想。所以，无论你多么在乎这份感情，如果他坚决要离开的时候，请尊重他的选择，也维护自己的尊严。

放手并不容易，爱情中的放弃让人尤为痛苦。

关于失恋，你需要知道，对方曾经爱你，是因为你值得被爱。但同时，对方也有他自己的内在模式的投射，他也会自卑，他也害怕失去，他也会用他的模式、他的逻辑和你相处，他也很可能把你当成一个完美的女神，但你们都不是完美的。因为你们都害怕失去爱，所以生活中总是会制造各种误解，最后渐行渐远。

另外，我还听到过一些姑娘的故事，她们都有着类似的经历。男性想和她们发生性关系，不然就去约会其他的女生，要么就闹分手。她们大多都曾犹豫过、伤心过，最后也都为了自己的爱情牺牲过。然后，就没有然后了，因为之后一切都结束了，只是时间长短不同而已。而很多姑娘却依然苦苦等待着，依然不能接受和放手这段已结束的感情，甚至都不愿意醒悟，去发现自己只是对方的一个“玩物”。

一切都是为了爱。

当我们进入恋爱关系，当然也包括其他的重要关系，我们未必可以马上清楚地看见自己是谁，而我们可以做的就是，抓住机会，带着觉察和反思，在关系的镜子前去审视自己、理解自己，让这个机会帮助我们重塑自己的内在模式，并引导自己走向更好。

在每段关系中，去理解自己。当你重生，你会爱上新生的自己。

让你的“内在父母”，好好地爱你的“内在孩子”。

## 我们为什么总因小事起争吵

最近，我的公众号平台收到几条留言消息。

一位男生说："和女友交往两年多，总被女友说我自私。"

上周末，这位男生和女友一起去打羽毛球，结果忘记给女友买水，女友发火说他自私。这位男生说："她说我的时候，我也就忍了，她还发到朋友圈里说我自私。我都付出这么多了，她怎么还说我自私，我们是不是走不下去了？！"

有位姑娘说："跟男友吵架，一点小事他就暴跳如雷。特别是在吃这件事情上。那天，我宅在家里玩游戏，男友要上班，回来后发现还没有做好饭，他阴沉着脸就开始不爽了。我和男友说，放假休息我也想放松一下，要不出去吃好了。

"不说还好，说了男友更不爽，他开始发脾气说自己上班辛苦一天……早知道回来还不能吃，为什么不一开始就发消息给他，至少不用回到家再出去吃。"

姑娘说，其实以前两人也试过这样，最初交往的时候，没做饭的话两人还嘻嘻哈哈出去吃，甚至男友会动手做饭。她只不过是忘了做饭而已，为什么对男友来说，好像天大的事一样。这是怎么回事呢？

## 1

起因都是小事情，但小别扭却往往变成了情侣间的大矛盾。为什么？

西方有句谚语：一根稻草压死一只骆驼。意思是一只骆驼已经不堪重负，这个时候只要在它身上放一根稻草，就会压死它。

但真的是这根稻草的重量压死了骆驼吗？也许是，但更多的是之前累积的那些重量。

我们的情绪就像稻草一样，一点点地累积。直到爆发的时候，伴侣就像最后那根稻草一样，引爆了我们的情绪。于是，我们把最坏的、最可恶的东西都投射到对方身上。

## 2

**移情**，是精神分析学说里的一个用语。

在心理咨询过程中，移情通常指来访者对咨询师产生一种情感，是来访者将自己过去对生活中某些重要人物的情感，投射到咨询师身上的过程。移情，是了解人际关系的入口，而咨询师则是通过这个入口，了解并帮助来访者看到自己的行为模式。

移情无时无刻不在发生，我们会无意识地把面对既往情境和人际关系的记忆，比如欲望、感受和行为上的期望等等，转移到当下所面对的人身上。

然后，你会对当下的这个人，以你过去使用过的防御方式来应对，以图处理好当下同样或相似的情境。

简单来说，就是将过去的一段重要关系的模式，转移到现在的关系中。

## 3

有个“90/10 原则”的说法，当你郁郁不乐时，90% 以上都与过去的经历有关；而当前让你不愉快的客观因素，充其量只占 10%。

那位留言的姑娘说，最初没做饭的时候，两人还可以一起出去吃饭，甚至男友也会做饭。所以，因为忘记做饭而暴跳如雷的男生，真的只是因为这餐饭没有做吗？还是因为过去类似的经历或未能被满足的愿望激起了这位男生内心的情绪？

这些过去的经历，很可能来自与父母之间的关系，或是父母对我们的忽视、拒绝。这些行为模式会印在我们心里，并体现在当下的亲密关系中。

比如，在家庭中经常受到父母责骂和惩罚的孩子，长大后就可能对伴侣的一切反应过于敏感，视作对自己的拒绝，关系也会因敌意产生误解。

但是，你的伴侣可能并不能理解到底发生了什么事情。就像那位忘记给女友买水的男生，他根本不知道自己“自私”在哪里，他会觉得很冤，他会觉得莫名其妙，他也会因此产生愤怒，他可能会因此说他女友“作”。再往后的剧情，可能就是狗血的分分合合。

真的是因为没有买水惹的祸吗？还是在那之前已经积累了很多压在身上的情绪稻草？对方的行为，不过是触动了你的隐痛。我们对伴侣要求得到的爱，也许是曾经期望在父母身上得到的。

我们在为一些无聊的小事情吵，甚至我们都不知道**吵架是为了什**

**么。那是因为每个人的内在，都有个受伤的孩子，内在的孩子希望在现在找到过去的答案。**

那位忘记给女友买水的男生，他内在的孩子也在呐喊，“都付出这么多了，怎么还说我自私”。那位男生也许从小很少让父母满意，女友的愤怒，女友骂他自私，让他的自我价值备受打击。

他认为自己已经很努力了，忘记买水，多大点事情啊？但是他感受到被指责和否认，于是他会怀疑自己，以至于怀疑他们未来关系的发展。

## 4

每个人都以自己的坐标去看对方，要求对方。就像我们常常会听到情侣的抱怨：“如果他能这样就好了，他只要这样对我，我就不会那么难受了……”

我们期待对方按我们想象的方式对待我们，就像儿时期待父母一样，我们期待的是爱，无条件的爱。

**移情，就是试图通过当下的关系，去修复过去难受的记忆。**

我们常常会把过去的情感、情绪体验投射到当下的感觉上，投射到自己的伴侣身上。因为爱情会重温过去的美好，所以我们也希望通过爱情去修正过去的错误。

移情，也是一种心理防御机制。

这样做的好处，可以帮助我们暂时忘记过去发生的事情。同时，会让我们试图通过替代的方式，再次经历类似的事情，或是象征性地去改变结果，来征服曾经那些不愉快的记忆。

如果我依然为此发脾气，依然为此伤心难过，你是否会呵护我、安慰我、满足我？如果我爱你、想你，又或是恨你、怨你，你是否能深情永不变呢？

但是，当双方都以自己的模式，以自己的坐标去看待和想象对方，我们看到的就不是真实的对方，我们看到的只是自己期望的幻象。伴侣总会有不能满足我们的时候，幻象也终归有破灭的时候，关系也会因此出现冲突。

无条件的爱是婚姻最好的结果，但不是伴侣的义务。

## 5

每个人成长的经历都不一样，每个人都有不同的心理需求。如果我们可以自我觉察就能发现，当下情绪的困扰其实都是未曾满足的心理需求在呐喊。

比如，那位期待女友在家做好饭的男生，那位骂男友自私的女生，如果他们能够意识到对方的忘记会引发他们被忽视的心理需求的话，他们也就不会那么执着于这餐饭、这瓶水的问题，愤怒的指数也会因此降低。

如果他们还能进一步去观察自己的内心的话，他们可能会问自己，为何这些小事会如此触动自己？也许他们会发现，这种情绪以前也有过，这可能跟伴侣当下的行为没有很大关系，而是自己和父母的关系之间，早已产生了这些情绪。

我们很容易将过去的情绪情感，投射在现在的亲密关系中。情绪容易激起情绪，有时候处于情绪之中的双方，并不知道为什么，只想互相伤害。但是，即便伤害了对方，自己仍然不快乐。

如果我们可以把潜意识的内容意识化，就能更好地理解自己，也理解对方，而不再简单地归因到现在的亲密关系。

当然，处于情绪之中的时候，要看到自己的内在模式并不容易，必要时还可以寻找心理医生的帮助。

尝试去看到你内在的模式，看到你的内心，才有可能真正地理解自己。

因为，别人不是你幸福的答案。

# 他怎么可以不懂我

一位姑娘在我微信公众号后台留言说，觉得自己有点心理问题，特别是在和男友之间的互动关系上，但又不知道自己是哪里出了问题。希望我能就这个方面来说点什么。

这位姑娘说，在朋友、同事的眼中，她可以说是温柔体贴、大方得体的代言人。

但其实她自己知道，这些只是表象。特别是和男友恋爱之后，经常会和男友因为一些小事吵架，互相抱怨指责。有时候，她自己也觉得实在是控制不住自己的那种歇斯底里，一通怒火上来的时候，自己都怀疑这个人到底是不是自己。

虽然以往也有遇到事情发火的时候，但是这么多年以来都不曾有过如此失控的感觉。为什么和男友恋爱之后，自己却常常因为一些小事情出现歇斯底里的另一面？

姑娘在留言里面列举了好几件和男友之间吵架的事例，基本上都可以归结为男友不理解她、不包容她、不能及时回应她。姑娘说，感觉自己好像变成了怨妇一样。两人的爱情经常淹没于情绪争吵之中。

最后，姑娘主动提出了分手，然而分手并不是解脱。分手之后，感觉自己还依然是很累的状态。

“虽然男友看起来已经很努力了，但是他给我的都不是我想要的。”姑娘说，她实在搞不明白为什么自己会变成这样。

## 1

青年作家李尚龙曾在他文章里提到过一个故事。

有个女孩和他抱怨自己的男友。情绪激动之处，一度决定和男友分手。问及女孩分手的原因，女孩说，“他根本不懂我”。

女孩在朋友圈发了个心情语录，男友来电问，有没有啥事？女孩回复“没有”之后，男友“哦”了一声也没再继续问。女孩抱怨，“你说他是不是不懂我”。

女孩继续说，“好几次我生气了，特别明显的那种，我都没和他说话了。他竟然说让我早点休息，说我累了，你说我能不生气吗？他根本就不懂我”。

李尚龙说，类似的例子非常多。

很多女生都是这样，只是一个眼神就希望男友可以知道她的心情和需求。

很多男生也是如此，很多事情都不说，只是生闷气，最后导致双方冷战，爱情巨轮说沉就沉。

还有很多人，都认为自己和对方之间不用怎么交流沟通，对方就应该知道自己想什么、要什么；又或者，不用问对方，自己就可以知道对方想的是什么。

## 2

生活中，可能大家也会留意到，有些孩子非常爱哭，非常爱发脾气，一言不合就坐地打滚，跺脚摔东西。为什么呢？仅仅是因为事情的不如意吗？

很可能这些孩子也不知道：别人不知道他们内心的想法。

当他们遇到了挫折需要帮助，或是想要得到什么东西的时候，当他们心里有了想法或者念头冒出的时候，他们就以为父母已经知道他们的想法了，或别人已经知道他们的想法了。

但是，父母可能并不明白，或者不能马上就明白他们的需求。而孩子以为父母知道他们心里的想法，父母不明白又不能马上满足他们，就常常会被孩子想象成父母拒绝了他们。

于是“熊”孩子继续发力。父母就会越发觉得这孩子怎么如此无理取闹，不讲道理。孩子的情绪没有被接纳，父母的情绪又被激起。很多父母感言，通常这个时候，已经没有办法和孩子讲道理，而自己的情绪也被挑起。最后，要么就是使用暴力手段，要么就是妥协退让了。

但，无论父母是用暴力手段，还是妥协退让，其实都已经被孩子的哭声控制了心绪。

## 3

婴儿从小就会通过哭声来“控制”妈妈。说是“控制”，其实是指婴儿早期的全能自恋感。这个时期的婴儿，会觉得自己无所不能，整个世界都在按照他的意志来运转。

在婴儿的世界里，当他一发出需求，就会渴求自己的想法能够立即实现。对于一个小婴儿来说，他主要的需求就是吃喝拉撒玩，所以，如果妈妈能够及时回应他的话，孩子的需求就得到了满足。

对于孩子来说，他会觉得这个世界是可控的，是安全的。因为有了可控感、安全感的心理基础，这会让孩子的全能感慢慢过渡到现实感中，他会更容易接受现实生活中的挫折和拒绝。

如果没有得到及时的回应，孩子就容易产生被抛弃感。当他逐渐长大成人，这种被抛弃感、不安全感也在随之不断地演变。他的内心会发展出一套复杂的心理机制，来防御这些难受的感觉。

有时候，人的情感模式就像是在找妈妈。

男人，只要有一个女人给他温暖的感觉，让他放下戒备，觉得自己像小孩儿，那他就一定是被收服了。女人同样也是如此，她们渴望宽厚无私的爱和照料。

这就可以理解文章一开头提及的那位姑娘说的话了，“他给我的都不是我想要的”。因为，我们都在希望对方以自己要的方式来爱自己。

恋爱会让人退行到婴儿状态。而我们都在用婴儿的心理状态和对方恋爱，我们都在用婴儿的状态要求对方以父母的方式来爱我们。

## *4*

也许，我们多数人看似是成年人，但心理上还是婴儿。有时候我们心中的婴儿会走出来，代替我们去和现实生活互动。

恋爱的时候，我们常常把现实的伴侣想象成理想的另一半，他/她最好能完全包容我们、理解我们、懂我们，甚至不需要我们开口便知道我们的需求。我们没有想要去看见真实的对方。

遇到挫折失败，或者事情进展不顺利的时候，我们常常期望有人能够站出来为此负责，或者直接把责任挂在某人的头上。我们没有想要去努力地解决这件事情或推进事情的进展。

……

现在网络上有个流行的词，叫巨婴。巨婴，常常被淹没于情绪之中。

人的成长不容易，从婴儿到少年再到成年，我们要经历很多成长的伤痛。好不容易长大了，蓦然回首却发现自己的心理水平还处于婴儿阶段。正是因为，一路走来经历的那些伤痛、那些情绪、那些能量没有被看见，没有人拥抱，没能够释放，也未曾被照亮。

巨婴是孤独的。

正如藏于内心的婴儿一样，他一直在那儿，一直在呼喊，但他一直没有被看见，甚至一度被认为是不好的、黑暗的能量，被压抑着。但这能量其实只是婴儿时期没有被满足的最原始的简单愿望。

“抱抱我，看着我。”

一如我们对待正在哭闹的孩子一般，只要蹲下来看着他，陪着他，允许他释放他的攻击性，并给他一个抱持性的环境，再温柔地告诉他，无论怎么样，爸爸妈妈都爱他。

**孩子遇到挫折、没有被满足，难过的是情绪，害怕的是情绪不被父母看见和接纳。**恋人之间因为小事而起的争吵，多半也是如此。

爱是深深的理解和接纳，美国人本主义心理学家罗杰斯如是说。尝试去接纳自己身上的这部分情绪，就能理解自己身上的种种矛盾之处。尝试去理解对方的情绪，就能看见对方真实的存在，而不是自己头脑里所建构起来的样子。

去拥抱你心里的婴儿，一如拥抱你自己的孩子一般，安慰他，理解他，接纳他，他是我们生命活力的存在。

## 有一种自卑叫试探人性

曾经，微博上有个很火的视频——《中国小伙借豪车测试拜金女友》。

视频内容是一小伙怀疑女友对他的态度，于是委托了第三方来测试女友的忠诚度。

委托方开着豪车，在游说姑娘上车之后继续旁敲侧击。他了解到女孩在商场打零工，每天的收入 70 元，看着时候也差不多了，拿出两万元现金在女孩面前晃："刚收的工程款，陪我一天，给你两万。"

视频中的女孩看着这些钱的时候，陷入了内心的挣扎之中。

男友在另一端，看着电脑的实时画面，并乘机打电话给女友问她现在在哪里。

委托人继续忽悠，一再表示自己不是坏人，只是一个人在家太寂寞了。豪车开到了某宾馆门口，女孩的内心还在挣扎："不是说去你家吗？怎么来宾馆了？"委托人很自然地说："宾馆和我家有什么区别吗？我们只是需要一间房，完事之后，钱还不都是你的。”

女孩的心理防线终于被突破。就在女孩和委托人下车去宾馆的过程中，男友冲出来了：“他是不是给你钱？你是在做鸡吗？”

女孩也怒了：“你每个月挣两三千也天天睡我，他睡我跟你睡我，有什么不一样？”

然后剧情反转，男友原以为拿着道德大旗可以占据上风，结果女孩愤然离去之时，男孩内心崩溃，跑过去抱住女孩哀求：“有话好好说。”

“滚开，你犯贱啊。”女孩明显感受到了此番是男友预谋之事。

整个测试的结果只有两种可能，女孩对关系忠诚，男孩安心吧；若女友不忠诚呢，是要准备分手吗？但看看上面的剧情，男孩究竟想要的是什么呢？既知结局如此，为何还委托第三方精心策划这场闹剧？

1

不知道视频的内容是真实还是炒作的，但类似的人性测试，还真是历朝历代都有。

万历辛卯间，阊门外有父子同居者。子商于外，妇事舅姑极柔婉，妪遂疑翁与妇通，乃夜取翁衣帽自饰，潜入妇寝所，试抱持之。妇不得脱，怒甚，以手指毁其面。妪负痛，始去，明旦托病不起。妇潜归父母家，诉之。父往察，翁面无损，归让其女不实。女恚，竟自经。父讼于官，翁亦无以自明。邻里称妪面有伤痕，执妪鞫之，事乃白。时吴中喧传为“婆奸媳”。

——《古今谭概》

明朝著名小说家冯梦龙写的笔记小说《古今谭概》里面讲了个故事：

说是在大明万历年间，放着好日子不过的婆婆，非要考验儿媳妇，结果考验出了一桩命案。

因为儿子常年外出经商，婆婆竟疑心媳妇和家公有染，为了测试媳妇的忠贞度，婆婆想了个脑残损招。她偷穿家公的衣服，趁着夜晚黑灯瞎火从后面去抱住媳妇，媳妇受惊，慌乱挣脱之余抓伤了对方的脸。媳妇看见对方逃走时候的背影，认出是家公的衣服，以为被家公调戏了。

第二天，媳妇回娘家诉苦，父亲气冲冲地来问个究竟，却发现亲家公脸上并无抓痕，回来又把女儿训了一顿，认为女儿所言不实。女儿很委屈呀，觉得自己先是被家公调戏了，回头又被父亲骂了，一气之下就自杀了。

女儿自杀之后，父亲觉得不妥就报了官府，这下轮到亲家公跳下黄河洗不清了。最后是无所不知的群众提供了线索，说看到婆婆脸上有伤痕。官府再把婆婆抓来问话才真相大白。据说当时此案轰动一时，路人皆传为“婆奸媳”。

够狗血吧！婆婆只想着测试下媳妇的忠贞度，看来媳妇是很忠贞的，只是这个考验，她得到了答案，却失去了一切。

用套路来测谎言，试探人性的弱点，无论测试的答案是否是你想要的，结局只会让被测者感到侮辱和愤怒，更可能会激起人性之恶。

但考验伴侣、测试对方的人却依然乐此不疲，层出不穷。只是这些去测试对方的人，他们究竟想要的是什么？他们为什么会有想测试对方的念头呢？

## 2

我们都希望自己的伴侣能够像父母一样，无条件地爱着自己，我们都渴望要一个爱的证明。

我们对爱都是缺乏信心的，我们在爱面前都会感到自卑，因为我们都害怕失去。不是不相信爱，更多的时候是对自己的不信任。于是，我们在爱面前总是容易半信半疑，我们渴望别人给自己一个爱的确认。如果不能得到爱的确认，我们常常会故意制造一些问题出来，以期望得到爱的证明。

所以，我们会经常见到一些情侣之间的游戏。

你爱我吗？爱。

你真的爱我吗？真的。

你怎么证明你是爱我的？这……

如果是对话式的小游戏，有时候能增加伴侣之间的情趣，怕就怕犹如文章开头那蠢萌的男孩，非要用套路测谎言，偏偏结果出来之后自己又崩溃了。试探人性的弱点，只会增加自己的无知和自卑。

**因为自卑，所以无法相信自己，也不能信任关系。**

很多人在试探对方的时候，往往在内心里面已经预设了结果，如果预设的结果还没出现，那估计是试探的力度不够。就是这种对自己、对关系不信任的执念，他们硬生生地把关系推向深渊。

## 3

我们之所以期待对方能给我们一个爱的证明，是因为我们把自己当成了孩子，期望对方能够成为我们的父母。

心理学家武志红说：爱的绝对证明，在周星驰的电影《长江七号》中表现得最极致。那就像周小狄对待他的外星狗长江七号一样，无论怎么虐待你、攻击你、抛弃你、侮辱你、憎恨你、冤枉你……你都会一如既往地深爱我。也就是说，我将我人性中一切丑陋尽现于你身，而你对我的爱毫不动摇。

三岁以下的孩子，如果妈妈离开家里比较长的一段时间，比如半个月的时间，当妈妈回来后孩子可能会表现得对妈妈冷淡，他会怀疑妈妈是否还爱他，是否会再次离开让他觉得被抛弃，他甚至会怀疑过去和妈妈在一起的时间是否是真的。

这时，孩子会拒绝妈妈的拥抱，逃离躲避，这是对爱的怀疑。妈妈要做的就是继续抱着孩子，这个阶段是最难熬的，孩子可能会有情绪，哭骂甚至是拍打妈妈。很多妈妈在这个时候忍受不了，自己也会觉得很委屈，为什么孩子就不亲自己了？其实孩子还是在怀疑状态，还在考验着妈妈：是不是无论我怎么样发脾气、怎么样攻击妈妈，妈妈都可以一如既往地爱着我？

孩子期望着一个强大、充满爱意的妈妈可以抱着自己，看着自己。只有这样，孩子才能确定他是被爱着的；只有这样，孩子对爱的自卑才会转变成自爱。

但是，如果一个成年人对另一半依然发出如孩子般的渴望和攻击的话，对方并不能那么轻松容易去接住的。因为太难承受了。而且，当你发出这样的渴望和攻击性时，对方也可能会怀疑你的爱还在不在呢？

如果在关系中你还觉得自卑，没有安全感，那么尝试去理解内在的自卑感是如何形成的。明白自己的自卑心是源自于对爱的渴望，才有可能自我接纳和信任。

关系，从信任开始；信任，从自信开始。

## 总是忍不住迁怒家人，怎么办

生活中我们会遇到这样的人，或者我们自己也会这样：遇到不顺或受气很容易把自己的情绪迁怒于别人。

有位读者留言说，丈夫在单位工作不顺或是受了气，回家之后就是她的灾难，丈夫会因为一些小事情对她和孩子发脾气，把火气都迁怒到他们身上。

有时候，真的是很小的一件事情，比如前几天丈夫回家后看到孩子作业中的错别字，就大发脾气，孩子现在见到他爸爸就怕，夫妻俩也常常为此吵架。丈夫有时候也会反省，他明知发火不对，发火后也会后悔，但就是控制不住自己。

或许很多人小时候都有过这样的经历，父母下班回家，看看父母的脸色，就知道今天要不要谨言慎行，因为很可能平时不算错误的错误，在这个时候就会被放大百倍。

也有很多当了父母的朋友会有类似的感受，下班后感觉特别累，往往因为孩子的一件小事而大发脾气，事后又觉得后悔。

为什么会这样？该怎么办呢？

## 1

先说一个小故事。

有位父亲在公司被领导指责，心情很不爽。回到家后，他看到孩子在沙发上跳来跳去，就把孩子臭骂了一顿。孩子心里很窝火，就狠狠去踹身边打滚的猫。猫逃到街上，正好一辆卡车开过来，司机赶紧避让，却把路边的孩子撞伤了。后面还有各种延续的版本，比如，说被撞伤的孩子又恰好是那位领导的孩子，以及其他的连锁反应。

这是心理学上著名的**“踢猫效应”，对低于自己或比自己弱小的对象发泄不满情绪，这是一种典型的坏情绪的传染所导致的恶性循环。**

## 2

精神分析鼻祖弗洛伊德说：情感的配额，能被移走或调换。

弗洛伊德在《释梦》中提到了梦的“移置作用”，梦的形成过程中必然会产生一种精神强度的转移，这会构成梦的显意和隐意之间的差异。

我们的情感冲突，常常也会以梦的形式表达。为了避免有些冲突得太厉害的情感，作为梦的导演，我们可能会在梦里逃避或掩饰那些冲突。

梦，很多时候就是通过**置换**来表达情感的冲突。

也正是为了这个目的，梦的工作就利用了各种精神强度的移置作用，把一些冲突太强的情感进行转换或调配。

比如，有些从小恐惧父亲的孩子，长大后常会梦见做错事被上司批评，然后他把上司的鱿鱼给炒了，这是把对父亲的恐惧置换成了上司。因为对父亲的爱与恨都太强烈了，不敢对父亲表达愤怒，同时也是为了保留对父亲的爱。

## 3

把情绪迁怒于比自己弱小的对象，也是一种置换。

置换，是一种攻击性的心理防御机制。

它是指你对某些人的情感、欲望或态度，因某种原因无法向对方直接表达，比如对方比你强大，或是意识层面知道这么做会对自己不利，于是，你把这种情绪情感转移到一个较安全的对象身上，以防御自己心理上无能无助的焦虑感。

简单来说，就是你对某个人有一些看法，却把这些看法体验到其他人身上。

美国精神分析学家杰瑞姆·布莱克曼讲述了这么一个例子：

有位妈妈，因为孩子把他的作业忘在学校里，就马上对着孩子吼道："你就像你爸爸一样，老是忘记东西！"

布莱克曼说，这个女人一直为自己丈夫的漫不经心感到沮丧，而且已经持续了很长时间。而这个时候，她把这种沮丧感置换到了她孩子身上，于是对孩子大发雷霆。她对孩子发泄的，是对丈夫的情绪。

很多父母心情不好的时候，习惯性地拿孩子出气，打完骂完又心痛不已，甚至抱着孩子痛哭，用物质"补偿"孩子，这样不仅让孩子感到莫名其妙，甚至会变得喜怒无常。

很多伴侣在外面受了委屈，却习惯性地指责那个在家守候的另一半，吵过闹过之后又后悔不已。而伴侣也常常是莫名其妙，以为你情绪不稳定，或以为自己做得不够好，还会认为这份感情并不适合，以至于亲密关系越走越远。

## 4

**当我们在迁怒他人的时候，我们置换的，是对强者的愤怒；我们防御的，是对自己的无能；我们控制不住而释放的，是情绪发泄所带来的兴奋。**

置换是心理防御的一种初始过程，它的本质是一种替代性满足。也许迁怒的一瞬间，有那么一阵快感，但是愤怒还在，无能还在。

也许**我们要做的，是看清楚自己的防御，接纳自己无助无能的情绪。**

如果你被迁怒了，要知道，这很可能不是你的问题，而是对方在使用防御机制来防御内心的无能感。

情绪的传递固然让人难受，但当你能够看到对方行为背后的心理动力的时候，你就可以相应地调整自己的情绪和态度。

有个故事：一个父亲下班回家，进门就看到女儿正在用他的工具修理东西，散落一地的工具凌乱不堪，父亲忍不住破口大骂。女儿并没有受到情绪的影响，她把地上的工具收拾好后跑来拥抱父亲，然后问：“爸爸，你今天在办公室里一定遇到不愉快的事了，是吗？”

这个女孩清楚地看到了爸爸的怒气不完全是针对自己，很可能是父亲在其他地方受挫。女孩没有被情绪传递，更没有激起自身的情绪反应，不但化解了这场可能发生的冲突，还给了父亲安慰。

当你觉得能够承受时，可以试试接纳对方，陪伴对方一起去面对他内心的无助。如果觉得难以承受，就尽量避开这样的时刻，这样至少保证自己或孩子的情绪不被传递，同时也给予了对方独自面对的机会，虽然痛苦难受，但也是他可以真实面对内在的契机。

如果你发现自己常常是容易迁怒他人的人，不妨好好地看看自己的内心。当你在对伴侣或孩子发火的时候，是真的因为这件事情，还是因为你之前积累的愤怒、无助、无能急需一个出口呢？

人生难免不平事，已经受了的委屈和挫折，最好的办法是去化解和接纳自己内心的不平衡。如果情绪太大，可以寻求家人朋友的安慰，或是寻求心理咨询的帮助。情绪的传染只是一时之快，却容易给亲密关系带来伤害，这种搬石头砸自己脚的方法真的很不划算。

能够勇敢地去面对自己的无能感，就已是一种了不起的能力。

## 如果我不能满足你，你还会爱我吗

“我一直不知道自己是怎样的一个人，也不知道怎样才会让大家都喜欢我。总是被自己的想法吓到，不敢拒绝别人，也不敢提要求。习惯性地迎合别人。害怕喜欢上某个人，更害怕对方不喜欢我。不敢恋爱，因为每次恋爱，‘我’就不见了，我只看到他的需要。”

有位朋友说，她从小就学会了迎合别人，只要感觉到别人的眼神里流露出了失望或不开心，自己的心里就会产生一种罪恶的愧疚感。所以自己不断地迎合他人，但其实自己过得很不开心。

随便举个例子，比如午餐时间，办公室的几位女同事为了减肥，不想吃正餐或是想吃点杂七杂八的东西。她实际是想吃饭的，但是如果同事向她提议，她还是控制不住自己去迎合同事，然后就一起去吃别的东西。或者当某个同事脸色看起来不对路时，她就会忍不住想是不是自己做错了什么事。这些都让她感觉自己这样活着好累。

为什么会这样？为什么总是忍不住地去迎合他人？

## 1

知乎上有位网友发帖说，为了满足父母的虚荣心，从小就被父母逼着表演，那种害怕、委屈、不情愿的心情到现在还记忆犹新。真的是很尴尬，很不情愿，仅仅是为了满足父母的面子，要是不答应就会被骂不懂事。

这位网友回忆，有次临时在几百人的婚宴上，父母想让她表演唱歌，完全是临时起意的，她一点心理准备都没有。她说，那种害怕的心情，到现在想起来手都会抖。

还有一次是被迫在家人面前唱歌，实在不情愿，而且满屋子亲戚朋友，实在不舒服，所以也没有唱好。唱完之后，她就偷偷跑到房间里哭了一会儿。最让人烦的是，妈妈还过来问她为什么哭。

为什么？你说为什么？她觉得自己真的很委屈，为了父母表演了，还丢人了。

但是，孩子的这种心情，父母真的会懂吗？好像孩子就不懂得要面子，好像孩子就不懂得有自尊似的。

有位朋友曾和我分享说，他很害怕在众人面前讲话，每次需要在人前发言的时候，他就会很紧张，甚至手都会发抖。

他说，小时候家里偶尔有客人来，父亲为了锻炼他的社交能力，就要求他给客人倒茶，还要他在客人面前背诗。如果没有做好，他会感觉到父亲隐隐地不高兴，虽然父亲好像从来没有说他，但是他能感受到，看到爸爸的脸就能感受到。以至于他形成了看爸爸脸色做事情的习惯。到后来，他变得特别在意外界的看法，无法真正专注在自己的事情上。

因为他把注意力都放在外面，一旦得不到外界的反馈，就无法确定自己是不是好的。

## 2

每个人的真正价值感，都建立在爱与认可上，而不是压力、焦虑、羞耻所迫使的。

爱与认可，正是来自父母对孩子的接纳，被孩子内化为对自我的接纳。真正的自我价值感，来自成长中父母给的抱持性环境。

抱持性环境，是客体关系心理学家温尼科特提出的理论。它的意思是说，在孩子成长的过程中，父母给孩子提供一种共情式的在场，这仿佛给孩子提供了一个心灵的安全基地，可以帮助孩子逐步发展出一种能力，能忍受由于未整合的经验带来的焦虑感。

简单来说，就是**当孩子愿意尝试的时候让他自由发挥，不限定，不否定；当孩子需要帮助的时候给予支持，不评价，不指责。**

**美国心理学家罗杰斯将之称为“无条件的爱”。**

在这样的环境下长大的孩子，最能做他自己。这样做的好处就是，当孩子的情绪和行为全部被接纳时，家长爱他的安全感和由此产生的自身价值感，会深深地根植于他的人格中。**被如此滋养出的孩子，健康人格可以支持他未来去做任何想做的事情，因为他相信自己是有价值的，他也相信自己有能力给他人带来价值。**

## 3

然而，最难过的是那些总是被要求的孩子。

要求、应该，这些词语有着很深的改造意味，这就像是父母对孩子说，我不喜欢你这个样子，我喜欢你怎么样。

所有的改造都在说，我不喜欢你现在的样子，我爱的是你在我想象中的样子。所以，我要求你怎么样，你就应该怎么样。

当父母的爱变得有条件了，当孩子的自我价值感被条件化之后，自卑也就产生了。

所谓自信自爱，就是父母无条件地爱孩子，孩子也无条件地爱自己，而这些爱与信任内化在孩子的心里，孩子就变得自信自爱了。

自卑就是自我的价值被条件化，孩子为了争取爱去迎合其他人，最初是迎合他的父母，迎合长辈，后来就变成迎合他生活中的每个人。

那些无法拒绝他人要求的孩子，其实只是想得到一份认可：如果我不这么做，你还会爱我吗？

如果我不那么听话，你还会爱我吗？

如果我的成绩不好，你还会爱我吗？

如果我身材走样了，你还会爱我吗？

如果我工作失败了，你还会爱我吗？

如果……

不知道，不敢知道，因为我们都害怕真相背后的不被认可和接纳。

假如你在朋友圈发了些自己觉得很漂亮的自拍照，好友却没有点赞，你会不会觉得自己被忽略了？为什么他不点赞？你会不会想，如果下次对方发了朋友圈自己也不点赞？你的心情会不会被类似这样的事情左右？

但是外在的环境是不可控的，来自外界的点赞与反馈都是不稳定的，也是不可控的。当我们把自我价值感建立在外界的时候，就会导致自己容易有失控的感觉，自我价值感不稳定，对自己感到不确定。

同时，这也会让我们去追求一种控制感，通过控制别人来获得自我价值。比如，以后也许会通过控制自己的孩子或伴侣，要求他们、改造他们来满足自己虚弱的价值感。

自我价值，究竟要为谁认可？

让孩子在众人面前表现，到底在满足谁的需求？如此在意孩子能否展现自己，很有可能是父母内在的焦虑，但是这个焦虑却让孩子承担了。

很多父母追求的似乎只是一种形式，却并不在意这个过程究竟是给了孩子自信，还是给了孩子焦虑和压力。

**我们不能接受孩子在他人面前胆小、内向、腼腆、不出众。这很可能是我们不能接受自己内心的这一面，因为这会显得自己很没有价值感。**父母把自己所追求的价值感的体现，投射到了孩子的身上；父母通过孩子，来满足自己未满足过的价值感。

## 5

如果父母的要求太高，而孩子真的没达到父母的要求，孩子还可能会产生内疚感。这就是开头那位朋友说的，看到别人失落或不开心，自己内心就会有种罪恶的愧疚感，因为内疚让她产生了自我攻击。

父母很容易以爱的名义，在孩子的身上强加自己的意志。当父母这样做的时候，只是满足了自己的需求，却压制孩子成为自己的可能。

意大利教育学家蒙台梭利认为，每个孩子都有自己独特的精神胚胎，这会指引着孩子，让他成长为自己。

因为每个生命，都有自己的成长规律。

因为每个孩子，都是独立存在的个体。

每个人都是独特的个体，每个人都是独一无二的，别让他人决定了你的价值，也别让孩子的自我价值附属在他人的身上。允许孩子成为他想要的模样，是父母给予孩子生命的最好的礼物。

不要再为了他人的失落或不开心而委曲求全地迎合，更不需要为了这些而内疚自责。每个人，都生而闪耀，做自己，才是你真正价值的所在。

## 爱是温暖和照亮，不是牵绊和控制

一则微博新闻：女子欲跳楼逼丈夫就范，被救后反埋怨警察来得太快。

说的是一位年轻女性因与丈夫发生感情纠纷，负气欲跳楼轻生逼丈夫就范。民警得知后火速赶往现场，果断出手营救，成功将其从生死边缘拉回。她被救后不提感激，却抱怨民警“太负责任，动作太迅速”……

民警很无语，这位女性的丈夫应该也很无语。“一哭二闹三上吊”这句民间俗语，过去是用来形容已婚妇女向丈夫撒泼的手段，现在有了高楼大厦，上吊的时代感便没有那么强了。改用跳楼的方式更震撼，更有效果，因为能够吸引眼球，无形中还能够让围观群众帮忙施加压力。

### *1*

这位女性为何要用极端的方式来逼丈夫就范？

北大学者吴飞在他的著作《浮生取义》中，阐述了中国家庭文化背后一套独特的“家庭政治”的潜规则。

有数据调查说，西方的自杀者中，有九成是患有精神疾病的，而中国的自杀者中，有六成患有精神疾病，那么剩下的呢？吴飞在《浮生取义》里面说，他们自杀的动机不但不是示弱，反而是为了争取正义，是为了争夺在家庭中的权力。以死相拼，不是自我放弃，而是以退为进，是为了积攒道德资本，是为了达到道德的制高点。

达到道德制高点有什么好处？达到道德制高点说明：我是对的，你们都得听我的。

这是在玩受害者游戏的终极版，把自己放在受害者的位置，将对方推到加害者位置，加上外围还有那么多的观众，如此一来，便有了道德资本和权力资本，似乎就可以迫使别人遵从自己的意愿。

而另外一位母亲，则用了闹的手段，摆明要在群众面前对女儿施加压力。

还是来自微博的消息：女儿婚后偶尔忘打电话，母亲赌气不吃不睡。

两年前，吴女士出嫁时，母亲要求她住到夫家后每天给自己打一个电话，每个星期回一次娘家。吴女士一一照做。但最近一年，因备孕及工作等原因，她偶尔会忘记打电话。女儿忘打一次电话，母亲便赌气不吃不睡，直到女儿打电话安抚。

母亲当着亲朋好友的面说，以后女儿每天要给家里打个电话，每周要回娘家探亲一次。本以为母亲只是说说而已，但母亲的表情非常严肃，并且要求她当场答应，还说：在场的亲戚朋友都是见证人，你可不能食言。

“没出嫁之前，我没觉得母亲这么黏，现在反而觉得她非常依赖我。”吴女士说感动之余，还是觉得面对母亲这份爱，压力很大。

这位母亲好像变成了孩子，而女儿则变成了妈妈。女儿充分地去考虑妈妈的感受，但是妈妈却并未理解女儿的感受，甚至好像都看不到女儿在备孕及工作的真实情况，根本不考虑这么做会给女儿造成困扰。

## 2

爱，往往成了控制的理由。别以为只有女人会用一哭二闹这些方法，男人也会用。

一位朋友曾和我分享了他的故事。那年中学毕业，同学们组织一起去一个海滨城市玩，算是毕业旅游。但是朋友的父亲说什么都不让他去，理由是担心他。担心可以理解，但朋友已是高中毕业生，也算是成年人了。而且，即使暑假不让他旅游，等他去读大学的时候，不还得去另外一个城市？

人生能有几次这样的青春，朋友非常想参加，行李都收拾好了，父亲竟然在他面前哭了起来。父亲这一哭，朋友心里好难受啊。虽然最后还是跟着同学出去了，但是他一直忘不了父亲的眼泪，朋友觉得很内疚，那次旅游并没能尽兴。与此同时还有种莫名的愤怒，但是愤怒发泄不出来，于是旅程快结束时他发了一场高烧。

朋友对父亲的做法百思不得其解，他妈妈解释说，父亲很爱他，他出远门父亲很担心。

## 3

如果这就是爱，一哭二闹三上吊，那么爱你为什么呢？

母亲赌气不吃不睡，父亲流泪不让去旅游。他们背后都隐藏着一种态度：我都这样了，你怎么不听我的。我就是要让你内疚，就是要让你后悔！

他们牺牲自己，委屈自己，积攒道德资本，目的是让孩子认识到他们的重要性，用这样的方式来表明他们是对的，你是错的，你得听他们的。

美国心理学家帕萃丝·埃文斯在她的著作《不要用爱控制我》里面解释了，这不是爱，这是控制，**把控制当成爱，爱就成了一种伤害。**

帕萃丝说：在家庭关系中，控制者把控制当作爱的体现。

控制欲望太强的人，会是别人的噩梦，他们势必会追求让别人听自己的，而构成对对方意志的绞杀。所以对方总会想要逃走，但是控制者通常不会认为自己有控制欲或自己在压制别人。

比如那位母亲，她仿佛虚构了一个女儿形象出来，那个女儿是每天会打电话给她的，每周会回娘家的。一旦控制者创造了一个虚构的伴侣、子女等，他们对于真实的人的想法就会不闻不问。

控制关系只会阻止控制者意识到，他们正在错过真正的亲密关系。

## 4

人本心理学家马斯洛将爱划分为“出于匮乏的爱”和“存在的爱”。

“出于匮乏的爱”常常是以依赖和控制别人为手段，满足自己内心安全感的需要。就像借跳楼逼丈夫就范的女子，要求女儿每天打电话给自己的妈妈，用哭的方式阻止儿子去旅游的父亲，都是为了满足自己的情感需要。

**因为匮乏，因为害怕失去，所以控制；因为控制，对方逃离，所以更害怕失去，所以加强控制。**

而外界的失控，是内在失控投射出去的结果。内心的失控和崩溃，在自体心理学里面有个术语，叫自我瓦解的体验。

这种感觉多是源于婴幼儿时期对早期照料环境的失控。早期的照料环境不如意，但是孩子并没有办法改变一切，所以对任何关系都希望获得控制。控制意味着安全，若控制不了，就再一次面对那种自我瓦解、无助、无能的痛苦，这也成了控制者内心的情感模式。

哭，不吃不睡，上吊跳楼，不仅是在积攒道德资本去对他人实施控制，同时也伴随着自我攻击，对内心自我瓦解体验的攻击。所以一哭二闹三上吊，步步为营，步步惊心。但这样的自我攻击常常会让身边的人感到内疚，内疚的感觉就在提醒别人，你错了，你要么按照我的来，要么你的内心就会受到道德的攻击。

在关系中，控制者需要尊重界限，要看清自己的边界，也要看到真实的对方并非你想象虚构的存在。被控制者同样需要觉知自己的边界，我们无法远离控制，无法认清楚关系的边界，常常也是因为内心有严重的内疚感，认为所有的事情都是自己的责任。

爱，是界限的尊重；控制，是界限的入侵。

我的孩子所在的幼儿园，有三项规则：不伤害自己，不伤害别人，不破坏环境。在幼儿园里面，所有的老师和孩子都需要遵守这三项规则，除此之外，你可以做任何事情。

这三项规则，便是爱的界限。界限，是为了维护我们之间的爱。

所有的控制都在入侵关系的界限，所有的控制都在阻碍关系的发展。

“存在的爱”就像泰戈尔那句经典的诗句一样：“让我的爱像阳光一样包围着你，而给你光辉灿烂的自由。”因为我们看到的，不是自己虚构的想象，而是对方的真实存在。

爱是温暖和照亮，不是牵绊和控制。

## 高情商的孩子，都有父母情绪稳定的陪伴

有个叫《妈妈是超人》的综艺节目，其中，明星妈妈胡可的教育方式引发了大家的关注。

节目中有一幕，胡可的两个孩子安吉、小鱼儿坐在车后座上互抢玩具。结果哥哥把弟弟弄哭了。

但是，胡可喝着咖啡淡定地开着车，等待着兄弟俩自行解决问题。

没多久，两兄弟已经忘记了刚刚的矛盾，和好如初，并愉快地飙起歌来。

胡可曾经在接受采访时表示："谁说老大就要让着老二？在可以保护他们不受原则性伤害的情况下，尽量让他们去想这件事情是对还是错，是好还是坏，让他们自己去寻找解决问题的方法。大人越干涉，他们的关系会越激烈，大人给他们足够的空间，他们一定会找到他们之间相处的平衡点。"

## 1

这让我想起了一位幼儿园老师的工作分享。

这位老师说，在幼儿园的操场上，秋千和滑梯是孩子们最喜欢去的地方。

滑梯产生的争执少，每个人滑下去再从后面的楼梯上来可以继续玩，但是秋千和玩滑梯就不一样了。一群孩子跑到秋千底下，都想抢着去玩荡秋千。怎么办呢？

其中一个孩子说：抢来抢去，大家都玩不了，我们要按顺序来。我先来的，所以得我先玩。

不错，懂得提出规则，还知道为自己争取利益。

但是，其他孩子不服气了。

“我先来的。”

“不是，是我先来的。”

“是我先看到的。”

…………

先来后到都各有自己的标准，看来，问题还是存在。

这时候，另外一个孩子说话了：那我们比比身高怎么样，高的先玩。

这位老师说，当时看了下，觉得这个孩子也好聪明，他差不多是这群孩子里最高的。

其他几个孩子似乎对这个提议没有什么异议，因为这个规则，能够让大家都有个参照的标准。

这时候，一个女孩说话了：我们俩差不多高，怎么办？

规则有小漏洞，但是难不倒孩子们。“你们猜拳吧！”有孩子说道。

“那玩多久呢？”又有一个问题出现了。

孩子们继续在讨论。最后，他们达成了一个协议，就是每人荡几次秋千，旁边还有伙伴在计数。

全程老师只是在旁边安静地陪伴，没有情绪，也没有干涉。

这位老师还说，在他们幼儿园，老师很少会直接告诉孩子问题的答案。因为他们发现，很多时候，孩子们能够自己去协商，去找到解决问题的方法。

## 2

而现实生活中，我们看到的是，孩子们还没有起冲突，成年人可能就已经开始焦虑了。

很多父母都有过类似的经历，当亲戚朋友带着孩子来家里玩的时候，自己的孩子不愿意和别的小朋友分享玩具，或者两个孩子在玩耍过程中因为争执玩具起了冲突。很多时候，我们成年人都习惯地把孩子的这些行为视为自私的表现，又或者是为了成年人之间的面子，我们会在客人面前对孩子说：“你怎么越来越自私了？你怎么什么都不让别人动？别人只是玩一下你的玩具，又不会要你的东西，你怎么这么不懂事？你要大方点……”

孩子们玩耍之间难免有纠纷，而有时候成年人看到孩子之间的冲突，内心也变得焦虑起来。我们迫切想去解决孩子之间的问题，却不知道成年人的干涉往往使得孩子们的社会化功能被剥夺。

甚至我们还会在新闻中看到，因为孩子们的小纠纷，成年人反而大打出手。

在德国漫画家卜劳恩的名作《父与子》中，有组经典的《孩子吵架大人闹》漫画。

漫画里，儿子和小伙伴打架后，儿子哭着找爸爸诉苦，爸爸拉着儿子和对方家长理论。两位父亲越吵越火，最后打了起来，两个孩子在一旁观战。而当爸爸们战况激烈时，两个小朋友已经和好如初，在一起玩游戏了。

## 3

这组漫画给了我们成年人一个问题：孩子究竟需要我们帮助解决的是什么？明星妈妈胡可淡定地开着车啥也没有做，为什么兄弟俩的矛盾就不见了？幼儿园老师看着在秋千旁抢来抢去的孩子们什么也没做，为什么孩子们自己就找到了解决方案？

漫画家几米说，**人与人之间的沟通，占了70%的是情绪，只有30%才是沟通的内容。如果人与人之间的沟通在情绪上处理不当，那么这30%的内容就会被70%的情绪扭曲。**

孩子容易受到成年人的情绪影响。我们经常可以看到这样的画面，当孩子摔倒了，旁边的成年人一惊一乍地发出惊叫声，“哎哟”“啊”。孩子也许只是一下没走稳摔倒，原本并不觉得疼痛，但是受到了成年人的这种影响和暗示，就哇哇大哭起来，甚至会以为发生了什么严重的、可怕的事情。

如果此时旁边的父母只是微微笑着问孩子：“摔疼了吗？”孩子看到父母稳稳地在旁边，他也会感到安全。孩子无论是否摔疼，都会知道，只不过是摔了一跤，疼就疼，不疼就不疼，也就不会被恐惧的情绪困扰。

## 4

胡可在两个儿子面前的态度是淡然的，幼儿园老师在孩子们面前也是没有情绪的。

孩子们之间玩耍难免产生争执。成年人的态度和接纳，便是对孩子情绪最好的陪伴。

在三岁之前，孩子和父母之间的互动，是孩子最初最重要的社交活动。而在三岁之后，和同伴的交往就会逐渐成为孩子的主要活动。

孩子从父母那里总是比较容易得到想要的东西，但是想从同龄的伙伴那里得到想要的就不大容易。

而正是这种人际交往的需求，会促使孩子之间有更多的分享以促进交往。所以我们可以看到，很多刚刚认识的孩子们之间，都是通过分享玩具、零食，然后玩到一起的。

和同伴的交往有利于孩子发展社交技能和个人能力，特别是那些和家庭成员互动的过程中很难获得的经验。

正是这种社会化的功能发展的动力，促使孩子学会理解彼此的观点，互相协商、妥协和合作。

当孩子和同伴交往时，我们可以在旁边安静地陪伴，对于孩子之间的冲突，不用太紧张或者计较得失，让孩子们自己去发现问题和解决问题。除非是孩子的行为可能会伤害自己或是伤害他人，我们才需要介入。

另外，如果父母对孩子的行为觉得有必要介入，也尽量不要直接对孩子生气或者处罚孩子，而是需要先倾听孩子的情绪和想法，当孩子不被情绪困扰和影响的时候，他才能更好地发展自己的社会化功能。

有的孩子情商高，特别容易融入群体，也特别有自己的主见。因为他们知道如何面对情绪的困扰，并于情绪之外找到解决问题的方案。社会化功能好的孩子，往往都是高情商的孩子。

高情商的孩子，正是源自父母情绪稳定的陪伴。

# 第二章

## 触碰心墙的防御，才能打破自我的设限

## 为什么我总是优柔寡断没主见

我收到一位女生的邮件，说是为自己缺乏主见和自信感到烦恼。

她说，以前读书的时候感觉还好，也没有什么事情，但毕业工作之后忽然要面对很多事情，才慢慢发现自己缺乏主见这一缺陷。

比如，在做一些决定的时候会犹豫不决，会问很多人的意见，但是听了别人的说法后反而又没有了自己的主张，现在变得越来越优柔寡断，有时候甚至会逃避，或者拖着拖着事情就不了了之。

有时候和朋友一起出去吃饭，无论是找餐馆还是点菜，她都会说“随便，都可以”，不喜欢拿主意做决定。

她说在工作方面自己还是挺有能力的，经理对她也挺满意的，同事也曾表扬过她，说她看问题有见地，对项目的运营也给了部门很多不错的意见。

但是，当要她自己去决定一件事情的时候，她就变得优柔寡断了。她说自己常常会问身边的人该怎么办，会收集各方面不同的建议，但越是这样的时候自己反而越是犹豫不决，总是忍不住问别人该怎么办。

这位女生在邮件中还举了个例子，是她去年去数码城买笔记本电脑的事情。

当时看了好几个牌子和型号，有些商铺她来回逛了两三次，本想多对比下，但后来内心竟然会有害怕的感觉，她怕店员会想：这个人怎么来来回回看那么多次都不买？

结果拖来拖去，最后是随便进了一家数码店，在销售的推荐下买下了一台电脑，不仅超出了预算，而且所购买的电脑，也不是自己事先了解的那几个牌子和型号。

她说，虽然后来也发现了销售有忽悠她的嫌疑，但是，她当时竟然有一种如释重负的感觉，似乎预算、性能、当时考虑的性价比这些都已经不重要了。

每次想到要自己做决定的时候总是没有主见，心里又不停地在责怪自己，该怎么办？

1

“该怎么办？”很多人都有类似的口头禅。

很多人在做事之前、做决定之前会问别人怎么办，会征求别人的意见。征求意见是挺好的，可以把事情考虑得更周全。但有的人会不断地问该怎么办，可无论我们给出怎么样的意见，他都拒绝接受，他永远处于做和不做、这样还是那样的选择之间。似乎自己已经完全丧失了思考能力，只希望别人能够给个解决方案，然后按照这个方案的步骤去做了，事情就完结了。

我想，这可能就是那位女生在销售的推荐下，买了一台自己从未考虑过的牌子的电脑之后所感受到的如释重负的感觉。而很多时候，当我们被对方问急了，就下定论似的跟对方说一句：就这样，你就这样做，你就选这个。

这让我想起，在心理咨询工作中咨询师们也常常会碰到的问题。有一些来访者在咨询的时候，会希望他的咨询师能够帮他做出决定，包括现实生活中所面临的决定。

他们会说：你说该怎么办？你告诉我怎么办吧？

有时候，咨询师会有些压迫的感觉，特别是对于新手咨询师而言，不知道该如何回应。我曾听过一位同行的分享，他说这种感觉就好像是有一个孩子在等着你，他用很无助的眼神看着你，希望你能够帮他一把。

来访者面临着现实与内心的困惑和冲突，他希望有人可以帮他看看是怎么回事。而且，很容易就会把对权威、对父母的期望投射到咨询师身上。

所以很多来访者会认为，在咨询室里面对着专业的人，他一定会有办法解决自己的问题。

但咨询师在工作的过程中很容易发现，最大的问题不是“该怎么办”的问题，而是无论怎么办，无论哪一种方案的选择，来访者看上去都好像没有办法去面对和承担。他不是不知道该怎么办，而是他不知道或是不敢面对这么办了之后的结果。

这样的人往往是在生活中总被要求的那个人，已经变成了别人要他变成的样子，以致自己什么事情都拿不出主张，如果遇到要自己决定的事情，就会陷入内心的困境。

## 2

为什么会出现这样的心理困境？

在《心灵的面具：101 种心理防御机制》中提到了一种心理防御机制，叫**失区别**，也称作自体 - 客体融合。

“你变成了他人要你变成的那个人，你变成了他人要求你成为的那个样子，以避免令你困扰的情绪出现，常见的是对丧失的恐惧。”

这种类型的人最突出的问题就是没有自我，找不到自己的位置，缺乏主见，希望别人可以给自己拿主意，或者附和他人的观点，比如点菜的时候总是随便，希望别人点好。面临决定或难题时总会问别人：如果你是我，你会怎么做？

这种情况，我们也常常能够在那些听话的乖孩子身上看到。

这种防御机制的动力心理学解释是：我为了避免被批评，为了避免遭受惩罚，所以我问你“我该怎么办”，这样感觉就好像你承担了我的一部分，包括责任。

这个防御机制的背后，常常是当我们还是孩子的时候，总是面对父母的指责。所以，我们为了保护自己，就让自己跟在父母的身后，我都听你们的了，我不要我自己了。这样的话，即使是错了，也是我听了你们的要求之后的结果。这样，我就可以避免更多的指责和惩罚了，我就可以不用那么难受了。

有些父母常常觉得自己的孩子不够有主见，其实很有可能是他们把孩子的自我功能剥夺了，甚至还在不断地对孩子挑刺。最终孩子的自我功能丧失，不得不问别人该怎么办。

## 3

之所以会采用“失区别”的心理防御机制，是因为我们的行为背后都有一颗曾受过指责惊吓而又幼小害怕的心。

在这个防御机制的背后我们也可以看到，这其实是我们的自主功能和自我探索的能力被抑制的结果。

对于一个成年人来讲，在做选择的时候会有很多对自身的理解，有很多过往的知识经验可以运用。正是这些自我功能，可以帮助我们有能力去做一些现实中的选择。

但是，我们在面临一些问题的时候，会容易放弃已经学到的比较成熟的适应技巧或方式，心智又退行到了那个害怕被指责和容易受到惊吓的孩子，只好以原始的方法来应付当前情景，来降低自己的焦虑。

所以，当下次你不断地想问别人“我该怎么办”的时候，不妨先试试问自己：我真正害怕的是什么？

## 别人看着我做事，为何我会做不好

每一次自己单独去做某件事都能做好，可在人前总是出错，这是怎样的一种心理，算是病吗？

### 1

一个朋友对我说，她在公司里面做话务客服。每天她都要处理很多的电话，有业务联系的，也有投诉的。每天拼的不仅是体力，更是脑力。做客服不仅要有克服业务难题的能力，更要有克服情绪波动的能力。

无论是在同事还是上级看来，这位朋友的业务能力都是非常出色的，收到的客户评价也非常高。但朋友说她一直有一个地方是克服不了的，就是每次她在接听电话的时候，如果旁边有人，特别是那个人还看着她的时候，她就会觉得很紧张，即使是很熟悉的业务，有时候也会说错。这时候她就非常希望对方可以从她身边走开，或者能够尽快地结束那个电话。

我问朋友，是否因为站在旁边的人是上司的原因？朋友说，有可能，但也不一定。主管平时会来巡查，站在旁边的时候她的确是会很紧张。但有时候，旁边如果有同事在，她也会紧张。

客户对朋友在公司整体的业务处理的评价是比较高的，所以主管常常让她去带其他新同事，她也能把业务教得很好；但如果有同事过来跟着学习，看着她处理业务的话，她就会变得紧张起来了。

如果电话那头的业务比较麻烦，或者遇上客人投诉，即便原本是她可以处理得很好的业务，在这个时候也似乎变得困难起来，偶尔还会出现一些小错误。

朋友说，她不喜欢自己在工作的时候旁边有人看着，因为工作的时候被人看着，她就会觉得不够自在，也很难让自己专注地工作，最后事情多半会做得不够好。

## 2

可能很多朋友也会有类似这样的经历。

小时候的你，在家里读书写作业，然后父母说，他们要陪着你，他们只是在桌子旁边待着，他们可能也在旁边一起看书，甚至他们连话都没有说一句，因为他们要给你营造一种学习的气氛，他们丝毫不打扰你。想象一下，你当时有什么样的感觉？

我问过很多有过类似经历的朋友，除了少数朋友可以享受这个过程外，大多数人都说感觉会很不自在、很别扭，有不信任感，有被监督、被监视的感觉。再继续详细地去探讨一下，这种不自在、别扭到底意味着什么？

大部分人会得出一个比较一致的答案，就是觉得自己的空间被打扰了。这个空间不仅是物理的，也是心理的空间。特别是这件事主要是自己的事情，需要自己去完成，通常不涉及和他人的合作。

当我们在准备去做这样一件事情，或者正在做这件事的时候，我们的内心会为做这件事腾出空间，这个空间可以让我们的能量专注于将要去做的这事情上。

当我们的空间被打扰的时候，就不能够完整地专注于做这件事情，似乎要专门划出一小块地盘来，给别人一些位置。做事情时好像就需要向这个位置的人交代些什么似的。我们分给自己的能量，就变得更少了一些。

## 3

父母常常为了自己的需要，剥夺了孩子的自我功能。父母在孩子需要有独立成长空间的时候，常常去干扰孩子的节奏。而且，父母在打扰孩子的时候，会加入很多自己的评价进去。

有位朋友在我的微信公众号后台留言分享了她的经历：

“我妈也这样，本来我看书看得好好的，结果她一来我就静不下心来看了，总是担心她会说我，虽然她当时并没有说我，但我就是不能像刚才一样看书，我只是看着这本书，但是一点都没有往脑袋里面看。

“果然，没多久我妈就开始说我，说觉得我看书不认真、心不在焉……分明就是她来打扰了我好不好，每次她在我旁边的时候，我就会觉得有种隐隐的不信任感……”

是呀，那种隐隐地传达着的不信任感一直在打扰着我们。久而久之，我们逐渐形成了习惯，即使旁边的人没有想过打扰我们，我们也不喜欢他人站在旁边看着，我们不喜欢的是这种曾经被监督的感觉，我们不喜欢的是这种不被信任的感觉。

## 4

也许很多父母会说，我不是不信任孩子，我只是想给孩子更好的环境。他们有很多“担心孩子”的理由，比如，担心孩子吃不饱，所以我要看着孩子吃，让他吃够；担心孩子不够专注，所以我要陪着他，营造这个专注的气氛。

我想说的是，饱不饱，也许真的只有吃的人知道；专不专注，只有投入其中的人才能享受。

父母的出发点都是好的，但这些做法确实很有可能给孩子传递了一种不被信任的感觉，甚至是被打扰、被控制的感觉。而这种情况下，孩子不能反击，只好被动攻击，原来可以做好的事情，往往变得越来越不好。再往后，行为成为习惯，即便别人不是监督，即便别人没有打扰，孩子也很容易陷入一贯的模式中。

而他们的注意力也会变得很容易分散，无法专注。特别是碰到了困难挫折的时候，这些困难挫折很容易被放大。被放大的不仅是这件事情的困难程度，更是担心失败后被人看着的感觉，这种感觉会让他们不舒服，也同时影响着他们继续做这件事情的状态。

当我们处于这种状态中做事情时，就越是容易担心，忍不住提醒自己，又有人看着了，有人看的时候担心自己又会出错，然后越是容易陷入恶性的自我暗示循环中。

## 5

问题又来了，应该怎么办？

第一，我不需要对别人交代什么。告诉自己，我只需要对自己负责。

第二，维护自己的空间。请告诉旁边的人，我现在在学习/工作，需要一个属于自己的空间，你太有魅力，在旁边会吸引和分散我的注意力。当你这么说的时候，请记得温柔而坚定。

第三，如果不可避免地旁边一定会有人，或者工作/学习的需要，别人一定在那里，告诉自己，按自己的节奏来就可以了。

允许自己处于紧张或者焦虑的状态，在接受自己的状态下，先定一个小目标，比方说：先做到第一步，不需要对别人交代什么。

如果你实现了这个小目标，你可以再继续下一个小目标，在紧张焦虑的状态下，继续下去，多看一页书，多处理一个工作环节。当你实现了第一步之后，继续往前的每一步都将慢慢变成一种良性循环，你的内在空间将会越来越多。

第四，如果你愿意，而且也做好了准备，你还可以专门找这种环境去工作，专门找有人在旁边看着你的环境去做一件事情，甚至可以多找一些人看着。

豆瓣有位朋友说，如果自己看恐怖电影，吓到了自己，该怎么办？另一位网友给出了一个很恐怖的答案，“再多吓几次”。

看起来似乎是个玩笑话，心理学中称为“行为治疗”的其实大概就是这个原理。让你多次处于不舒适的环境中，然后降低你对这个环境的敏感度，从而逐渐去适应。不过这个过程会比较痛苦，特别是最开头的那几次。

当你发现你可以对自己负责的时候，你的力量就会显现出来，你就可以维护自己的空间。当你的空间足够大的时候，你的容纳能力也会相应地增加，你会发现，无论有没有人在旁边，自己的内心已经有足够大的地盘去放置自己的专注力，也有足够大的地盘去应对那些你不想要的东西。

尽管它们还可能会出现在你的心里，但你的内心有足够大的位置容纳，并且你还可以对它们说：我允许你走进我的世界，但不允许你走来走去，请先待在你可以待的地方，现在，我得做我想做的事情。

## 你明明是受害者，为何还有负罪感

“我用23年时间走出家暴阴影，为什么要孩子对施暴的父母孝顺？我明明是个受害者，为什么还会有负罪感？”

38岁的女导演黄莉在某一期的《演说家》节目中，讲述了发生在自己身上的真实故事。

在她11岁的时候，她目睹了爸爸对妈妈的家暴，年幼的她躲在门缝里，吓得浑身僵硬又无能为力。更恐怖的是，妈妈被家暴后，竟把所有怒气都发泄在了她的身上。她成了她妈妈的发泄筒，经常会无缘无故地遭到妈妈的打骂，灯泡坏了，妈妈心情不好了，她都免不了被打，每一次挨打都是趁爸爸不在家的时候。

她不敢反抗，也不敢告诉爸爸，因为她害怕爸爸因此不高兴，害怕爸爸再次打妈妈，更害怕妈妈被打之后再来打她。所以，她选择忍受，她也只能默默忍受。

她一直认为妈妈婚姻中所有的不幸都是她的责任，她觉得家庭中发生的这一切，都是因为那天她没有站出来去阻止爸爸。如果她当初有勇气，如果她那天可以跑出来拉住爸爸，也许后来的一切就都不会发生了，她把所有的不幸都怪罪到自己的身上。

家庭暴力的阴影，扭曲了她对自我价值的认知，让她觉得自己是有罪的。这些负罪感也深深地影响着她在亲密关系中的相处模式。

妈妈被家暴而无法反抗，她被妈妈打骂也不能反抗，隐忍和牺牲就成为她在亲密关系中的相处模式。但是，这并没有给她带来爱和尊重。

隐忍，只换来更多的索取、牺牲，带来了更多的伤害。她的每一段感情都无疾而终，也不懂得该如何去爱。

她还想着为妈妈的命运负责。可是，她当时还只是个孩子。

她明明是一个受害者，可为什么还会背负着这些负罪感呢？

## 1

或许，是这些负罪感在某种程度上保护了她，这样可以帮助她防御那些过于痛苦的感受。

美国心理学家布莱克曼提过一个案例：

有位 30 多岁的男士，他是牧师的助理，他不断地容许自己被教堂的牧师欺负。分析显示，这位男士似乎表现得很像他的一个弟弟，而他的弟弟一直是他父亲极度严厉的体罚对象。

他为什么要表现得像弟弟那样，容许别人对他的欺负？

布莱克曼解释说，这是因为他对父亲施虐的行为怀有极大的愤怒，这会引发他对父亲的内疚感，毕竟父亲不是对他实施体罚。同时，他对弟弟的遭遇无能为力，也会让他产生内疚感。

为了排解这种难受的内疚感，他对弟弟产生了认同。因此，他在生活中容许了其他人对他的欺负。

这种心理防御机制，叫**与受害者认同。意思是，通过容许自己被伤害，或者通过使自己受到伤害，来让自己表现得像那位受害者一样。这样做，是作为一种救赎的愿望，或是为了竭力摆脱自己内心的愤怒和内疚。**

这位做牧师助理的男士，在允许自己遭到不合理的对待这方面，向弟弟产生了认同。而这么做，可以减轻他强烈的内疚情绪。

## 2

当黄莉看着妈妈被爸爸家暴时，她被吓到了，她不想爸爸打妈妈，也不想妈妈被爸爸打，但是她并不能改变当时的情况，愤怒、内疚、难过、害怕、无力……她想为妈妈做点什么，可是什么都做不了。

她成了家暴目睹儿童受害者，她不得不启动这样的防御机制，来抵御那些愤怒、内疚、难过、害怕、无力……

她认同了妈妈，她为自己不能做什么而感到内疚，她让自己背负起了这些“罪”，赎罪才能让心灵缓解内疚和愤怒的痛苦感。

但是，她忘记了自己当时还是个孩子。

这不是她的错。她才是受害者，她既是家暴的受害者，也是家暴目睹儿童受害者。

## 3

对于妈妈来说，妈妈既是家暴的受害者，也是家暴的施虐者，她也启动了相应的心理防御机制，叫**与攻击者认同。**

**意思是，你以虐待的方式对待一个人，因为有人曾经虐待过你。这么做，可以使你免于感觉那些愤怒和痛苦的情感。**

妈妈把她当作发泄筒，正是由于爸爸对妈妈的家暴。妈妈无力去承受，却把这些撒到了孩子的身上。

这也是很多孩子在童年时候感受过的，在父母吵架之后，孩子做了一件原本不算错误的事情，却很容易被父母打骂。

与攻击者认同还会让孩子长大后，也变成一个家暴的施虐者。这不仅是因为认同了父母的行为，还因为长期在这样的模式下长大的孩子，会误以为这就是家庭生活的正常模式，这就是亲密关系的相处模式。

那些曾经受过躯体虐待的孩子，会使用大量的防御，他们会在被攻击之前先去攻击他人，即使是面对想要帮助他们的人，只要他们觉得可能被攻击，也会去攻击。

所以我们会发现，**有些人缺乏安全感，很难建立亲密关系，因为他们会采用“在被别人抛弃之前先抛弃别人”的模式。**

他们也在防御着自己的愤怒，防御着对自己无力的内疚、不安和痛苦。

## 4

黄莉说，她花了 23 年时间才能够坦然地面对这一切，才能够在舞台上讲述自己的故事。

身体上的伤痕会消失，可是心理的阴影很有可能会伴随和影响人的一生。

如果你曾经历过家暴，如果你的孩子正处于家暴的环境下，请记得告诉自己，请记得告诉孩子，不是你的错，不是孩子的错。

孩子，不需要承担父母的痛苦。

如果家暴的事实已给孩子带来了伤害，请告诉孩子，那不是爱，那是不合理的对待。

对有暴力行为的父母产生恨意很正常。如果有必要，可让孩子接受心理咨询，只有恨出来了，孩子才能看到和接受家庭、父母关系的真实真相。同时，他也能知道这样的家庭关系并不是真正的爱。

只有这样，孩子才不会自恋地认为，他可以挽回父母间的家暴事实。

只有这样，孩子才不需要用各种防御机制来防御内心的痛楚。

只有这样，孩子才不需要背负父母命运的责任。

只有这样，孩子才不会归罪于自己。

只有这样，孩子才能真正地去做自己。

我们国家已经颁布了《反家暴法》，里面提到家暴目睹儿童受害者，这真的说明我们国家的法律在不断地完善和进步，越来越重视人性的关怀、心理的健康。因为家庭暴力不单是身体的暴力，还有心灵的创伤。

也希望那些正在经历家暴的人能意识到，有暴力发生的地方就是犯罪现场，哪怕这个地方叫作家庭！

## 别人都没有拒绝，我却先拒绝了自己

你有没有过这样的经历，在请别人帮忙的时候，别人还没有说行还是不行，你就已经自己先拒绝了自己。

有位朋友是公司的技术骨干，有一次公司给他机会去参加一个行业内的聚会。聚会设在星级酒店里面，而且会有很多业内大咖级的人物参加，这是个难得的机会。但是这位朋友放弃了这个机会。原因是聚会需要盛装出席，他觉得穿西装打领带很别扭。他说觉得穿西装别扭其实是个借口，这是为了给身边的人、同事一个解释。

真正的原因是他害怕。

怕什么？他说他从来没有参加过这样的聚会，他不知道要怎么做，他怕自己会显得不合时宜，他觉得自己不可能出席这样的宴会。他说他很想去，但是最后又退缩了。

他说一直以来都有这样的问题：害怕去做些事情。别人都还没有拒绝，自己就先拒绝了自己。

“不可能的”“我不行”“我性格内向”“我害怕与人交往”“别人不

会答应的”，你是否也会经常有这些念头？为什么会这样？

## 1

先来说个关于跳蚤的实验。

这个实验先是给跳蚤罩了一个玻璃罩，跳蚤一跳就会碰到玻璃罩。

连续多次后，跳蚤改变了起跳高度来适应环境，而每次它能够跳跃的高度，总会自己限定在罩顶以下高度，因为这样就不会撞疼自己了。

实验又继续改变玻璃罩的高度，最后，当玻璃罩的高度接近桌面时，跳蚤已变得无法再跳了。

实验者后来把玻璃罩打开，即使是拍动桌子，跳蚤仍然不会跳，跳蚤变成了“爬蚤”。

人和动物一样，在面临无法改变的客观条件时，会产生一种无助感，久而久之，即使外部环境发生了变化，仍然难以从这种无助感中走出来。因为，他们已经自我设限了。

**跳蚤给自己设置的，是跳跃的物理高度。**

**人们给自己设定的，是内心的心理高度。**

## 2

为什么要自我限定这样的高度？因为撞到了罩顶会疼呀。

每个人都有不同程度的心理高度，而自我设限，不过是一种保护自己不受伤的心理防御机制。

自我设限是指，当个体面临某种情境产生了自我不确定感时所采取的一种防御机制。通过这种策略，可以达到保护自我的目的。

**自我设限保护自我免受伤害，它不仅保护着我们的自我形象，也保护着我们在他人心目中的形象。**

就像文章开头提到的那位朋友，不去做这件事情，就不会出丑，就不会显得自卑，就不会出现各种他内心猜想的可能会出现的不好的状况。这样，至少在别人看来，他的自我形象没有被破坏。

但是，这个心理高度常常会给自己暗示：我不可能做到的，也无法做到。这种暗示在保护我们的同时，也阻碍了我们自身能力的突破。

3

如果你没有发挥过，也许根本不知道自己有怎样的潜力。但我们为什么还会限定自己的心理高度呢？

很多时候，当我们还在童年时，就从父母或者其他养育者的感受或经历中总结出了一些话语，并逐渐成为自己的认知，甚至是人生信条。

知乎上有位女生说，从小到大，父母就天天对着她哭穷，以至于很长一段时间她都以为家里快揭不开锅了。

直到有一天妈妈突然告诉她家里买了新房子，她一脸蒙：我们家还买得起房子?!

然而，因为长期受到父母影响，她很自卑，也常常觉得别人看不起自己。有次男友请吃饭，她说果汁很好喝，男友随口说了下果汁的价钱。当时她就下意识地以为男友计较请她吃饭的钱，于是愤怒地甩出了钱包。

## 4

有些父母无论经济是否宽裕，都常常在生活中向孩子传达：家里没钱，你要学会省钱，那些太贵的东西我们用不起，那些高级场所我们去不了，我们只是普通人。

我们真的是普通人，但如果连梦想都不敢有的话，连尝试的心都不敢有的话，还谈什么自我实现？

孩子最忠诚于父母，如果父母的内心都是自我限定的，孩子自然不敢在生活中过得比父母幸福。这和父母是否有钱、是否知识渊博，没有必然的联系。

泰国短片《豆芽》讲述了这么一个故事。

有个小女孩问妈妈："为何菜场里豆芽卖得最好呢？"

妈妈告诉她，因为只有一家货摊出售豆芽。小女孩想，那我们是不是也能种豆芽卖呢？妈妈说："我们可以试试！"

于是，她们就开始了种豆芽的尝试。她们用心准备了土壤、种子，但不幸的是，豆芽培育失败了。

但母亲笑着说："没关系，我们可以再试一次！"于是她们又找来了一本种豆芽的书。

妈妈小学四年级就离开了学校，识字不多也不会写。小女孩念出书中关于种豆芽的方法，并和妈妈一起去实践。在改进了种豆芽的方法之后，女孩问妈妈："这次会成功吗？"妈妈说："我们试试！"

结果，这次又失败了。

继续找原因，她们发现，原来是没有按时浇水。但是忙于生计，她们无法做到按时浇水。她们想到了个办法，把废弃的塑料瓶收集起来，在瓶子上打些小孔，然后绑在木杆上，挂在豆芽上面，给豆芽浇水。

第三次尝试，女儿又问妈妈："会成功吗？"妈妈说："我们试试！"

妈妈说的"我们试试"就像一剂神奇的养料，这养料不仅帮助豆芽成功长出，也给小女孩未来的成长带来了无穷的动力。

这个短片是由真人故事改编的，小女孩如今已顺利获得生物学博士学位，在瑞典从事研究工作。

## 5

你是想让孩子学会自我设限，还是想让孩子超越自我？

父母的三观在很大程度上会影响孩子的心理高度。

可是，那么多年了，我们都已经学会自我设限了，怎么办？

我们试试！

有些人一直以为自己不行，却在偶然的机会中得到尝试，惊喜地发现自己并不是以前所认为的那样。

有位叫蒋甲的少年，曾梦想要达到比尔·盖茨的高度，但是直到他 30 多岁的某天醒来，赶去上班时还被主管骂了一顿。

他开始反思：为什么当年的梦想还没实现？

他发现，他不敢尝试。因为每次当他有想法和创意时，内心的恐惧就会涌出来，他害怕被拒绝，于是他抢先自己拒绝自己。

想到这里，他觉得有必要改变一下。于是，他带着摄像机，准备迈出第一步，试试向不认识的人借 100 美元，顺便记录下自己伟大的一步。

虽然初次尝试很害怕，但他还是去问了对方，对方很明确地回答：不行！

“太可怕、太尴尬了，我就知道不行，我就知道别人会拒绝我。”蒋甲一口气跑了回去，等内心稍微平静了一会儿，他再把刚刚的视频看了一遍，发现对方最后还问了句：“为什么？”

蒋甲说，看来对方给了他机会解释，他可以争取、可以交涉，还可以有机会，但是他什么都没有做，因为他的心理高度让他先把自己拒绝了。

再后来，他又尝试请求一个汉堡的“续杯”、索要甜甜圈、在陌生人家里种花等各种事情。

他发现有的事情是可以做成的，关键在于是愿意去试试，还是事先就告诉自己不可能。

于是，他尝试了，他也做到了，他的故事甚至被几十家新闻机构争相报道。

曾经保护自己的防御机制也许是如今的天花板，未知的不确定，总是容易挑起过往受挫的神经。

但现在的你，已不是过去的你，不用因为害怕别人的拒绝，而先自己拒绝了自己。更不要因为对自我的限定，而影响孩子人生无限的可能。

因为你还可以选择多试试。

## 孩子的世界，源于父母给他的人生信条

前些天，带孩子去看了《天鹅湖》芭蕾舞剧演出。

在剧院里，孩子们都被优美的舞蹈深深地吸引了。散场的时候，有个小女孩自己也学着跳起了芭蕾舞，孩子很兴奋地对父母说："爸爸，快看我，我是小天鹅。"

小女孩努力地学着芭蕾舞的动作，但是她的爸爸却开玩笑地回了一句："你那是小鸡跳舞吧！"

小女孩的兴致一下就没有了。

也许这位家长纯粹只是在开玩笑，却不知道这样的玩笑，不经意间已经否定了孩子的努力。

我们在成长的过程中，经常会听到别人对自己的评价，尤其是来自于父母的评价。有的评价，可能会鼓励我们更进一步；有的评价，可能会否定我们而使我们自我设限。

## 1

美国幼儿教育家莉莲·凯茨说，有些孩子在学习过程中会因为某些原因，逐渐产生对学习的无能感，并因此逐渐变得越来越不自信。

是些什么原因导致的呢？

莉莲·凯茨总结了三点：给孩子过高的学习目标、过早的知识传授、过多的否定和负面暗示。

有些家长，不考虑孩子的心智发展水平，揠苗助长。过高的学习目标让孩子无法承受，不知道怎么学，越学越觉得自己失败。过早的知识传授，会超出孩子的认知水平，不但不能帮助孩子成长，反而降低了学习兴趣。

偏偏这个时候，很多父母还要再补上一刀：你怎么这么笨！

于是，孩子就默默地认同了这个说法，原来是自己很笨才学不会。久而久之，孩子可能会变得胆小自卑，认为自己什么都不行。

莉莲·凯茨说，这是**习得性愚蠢。**

## 2

很多父母对孩子的口头禅就是："你真笨""你不行"。或是无意的玩笑，或是有意的激励。

但是，当孩子接收到的都是"自己很笨、不行"的信息后，久而久之会产生自卑感，自卑越多便越开始自我怀疑，自信也就荡然无存了。

孩子也就习惯性地认为自己很笨、不行。

再看看我们平时和孩子的互动，你是否也经常对孩子发出各种各样的否定暗示？

你不懂。

一看就知道你不行！

你怎么这么没有用！

你怎么就不如别人！

……

有时候，**最伤害孩子的，恰恰是这些来自父母有意无意的否定。**

戈培尔说："谎言说过一千遍就会成为真理。"

当你一次又一次地否定孩子的努力，当你一次又一次地和孩子重复"你不行，你不懂，不可以，你怎么这么笨"的时候，这会不会就变成了孩子的人生信条？

很多人的口头禅是"我不会，我不行"，他们都习惯性地否定自己，自我设限。

哪怕在生理年龄上已经长大了、成年了，但是在心理上、在灵魂深处，他还是那个一直被父母否定的、无力的小孩。

当幼小的生命长期在被否定的环境下长大，他又能有多少力量去相信自己的人生？

3

有位幼儿心理学的同行朋友和我分享了一个故事。

她说她们幼儿园接收了一个孩子，相比起同龄段的孩子，这个孩子各方面发展都比较慢，他有个口头禅，"我还小，不行的"。

吃午餐的时候，老师会鼓励每个孩子自己收拾好餐具，把餐具统一放到回收处。其实很简单，只是餐盘勺子，孩子们都可以拿起来。但这个孩子会对老师说："我还小，不会收拾。"于是，他就不收拾。

午休起床后，老师鼓励孩子自己叠好被子，过程也不复杂，也并非要求孩子要叠得多好多整齐，不过是希望可以培养孩子自主自理的态度。这个孩子依然会对老师说："我还小，不行的。"于是，他也不参与。

甚至，有些户外活动和游戏，他也会拒绝参加。

学校的老师通过一次和家长的会谈才了解到，孩子出生的时候黄疸腹泻，一直以来免疫力都比较差，所以在家里是手心里的宝。捧在手里怕飞了，含在嘴里怕融了，什么都不让孩子做。而他们经常对孩子说的一句话就是："你还小。"孩子慢慢地就认同了这句话。

随着孩子慢慢长大，很多本该可以做的、懂得做的、会做的事情，孩子从被动的不能参与，变成主动的不愿参与、不敢参与。

怎么办？

## 4

朋友说，对于那个孩子，她们会发出这样的暗示：你行的。

她们的幼儿园不大，班里的孩子都是混龄的，她把每个孩子的年龄进行排序，然后在班里和孩子玩年龄的游戏。

这个游戏的目的是让那个孩子知道，他的确还不大，班里有比他大的孩子，但他也不是最小的，因为班里有比他更小的孩子。

当有了参照物之后，看到比自己还小的小朋友都可以自己做事情，这个孩子的认知就开始改变了，原来"我还小"的理由，似乎在这个游戏中玩不下去了。老师也在游戏中不断地鼓励孩子，才让孩子慢慢找回自己的力量。

5

还有另外一组这样的实验，科学家去学校里从各年级随机选了一些学生，进行未来发展趋势测验。之后，科学实验工作人员以赞许的口吻将一份“最有发展前途者”的名单交给了校长和相关老师。

这组实验让孩子们相信了，让他们的老师和家长也相信了。其实，这是个“权威性谎言”，因为名单上的学生完全是随机挑选的。

然而，一年后对这些学生复试，结果奇迹出现了：凡是上了名单的学生，个个成绩有了较大的进步，且性格活泼开朗，自信心强，求知欲旺盛，更乐于和别人打交道。

这是1968年美国心理学家罗森塔尔通过实验发现的现象，这个著名的实验，也被命名为罗森塔尔效应实验。

威尔·史密斯主演的电影《当幸福来敲门》中有个片段，很让我感动。男主角在最穷困潦倒的时候，还鼓励着儿子说：**“如果你有梦想的话，就要去捍卫它。如果你有梦想的话，就要去努力实现。别让别人告诉你你成不了才，即使是我也不可以。”**

看起来这是对孩子的教导，但这也正是男主角自己的人生信念。这部电影取材于真实故事，主角是美国黑人投资专家克里斯·加德纳（Chris Gardner）。正是由于他有这样的信念，才能在破产、失业的各种困境下一步步地走出来。

**心没有被困住，人就有无限可能。**

对于孩子来说，父母是他的世界。当他的世界都在否定他的时候，他也学会了否定自己，当他内心都受困于习得性无助感后，他又如何能活出自己的未来？

孩子的世界，源于父母给他的人生信条。

当他的世界都在给他支持和信任的时候，孩子才能开启无限可能的人生，因为成功和自信，也是可以习得的。

你，想给孩子种下怎样的人生信条呢？

## 因为有爱，所以自信

曾在微博上看到个很火的视频，“熊”孩子数学连年挂科，考得 C 后老爸喜极而泣。

再看看无数的中国式故事：考 99 分，你还没 100 分呢；考 100 分，你下次再继续保持；下次还考 100 分，你不要太骄傲……相信很多朋友都有过类似的体验。

我们小时候，考试得了不错的成绩，想跟父母分享我们的喜悦，迎面而来的常常是父母的一盆冷水，“不要骄傲、继续努力、一点小成绩就什么样子了……”

学习常常是家里面谈得最多的事情，而不要骄傲，就变成了我们听得最多的一种评价语。这多是父母的一种情感隔离。我们的文化，往往把骄傲教成了贬义词，把活力看成了羞耻。

所以，孩子怎么能自信？太自信的话就等于太骄傲了，太骄傲就会有种深深的羞耻感。

## 1

如何增加孩子的自信心，这是很多父母关心的问题，很多家长问到，孩子在社交方面看起来很害羞，不够自信，应该怎么办？

可以说，这几乎也是所有人都会遇到的问题。

作为成年人，我们在面对新的环境时，也许会感到兴奋，同时也会有些许焦虑。比如，刚刚入职的新人，或多或少都会担心自己表现得怎么样、别人会怎么样看自己。

这种焦虑对于孩子来说更为明显，孩子在一个新的环境，或者面对陌生人的时候，他会担心和害怕，和父母分开之后会发生什么事？面对陌生人，他们会对我做什么？如果我不小心做错了什么，爸爸妈妈会不会不高兴？我有点不知所措，但为什么爸爸妈妈没有陪着我？……

有些父母能及时发现孩子的社交焦虑状态，也会想出一些相应的办法，来陪伴和鼓励孩子。这些做法常常可以帮助孩子缓解内心的紧张，增强孩子的自信，让孩子可以更大胆地去探索这个世界。父母能够接纳孩子的紧张，接纳孩子的真实状态。相当于父母给孩子提供了一个抱持的环境场。

这种支持的力量可以让孩子感受到，无论怎么样，起码在爸爸妈妈这里，父母是接纳他的。

对年龄尚小的孩子来说，父母就是他生命中最重要的人，就是他的世界。如果这个世界不能接纳孩子的焦虑，孩子的焦虑将无处安放，也会变得越来越焦虑，越来越不自信。

当孩子在父母这里得到足够多的支持的时候，当孩子也准备好的时候，他们会重新有兴趣去接触那些新的环境新的人，而且也不会像之前那么紧张和害怕。

自信，就是这样一步一步锻炼的过程。自信，就是在有父母的情感支持下，一步一步拓宽孩子世界的过程。

## 2

不过，在现实生活中，我们常常看到的是另一种画风。

许多父母会对孩子说，“这没什么好怕的，你大胆一些嘛。在座的都是认识的人，这些叔叔阿姨你都认识呀，你怕什么呀？”

你是否也曾对孩子说过类似的话语？尽管说了很多道理，但是，对于帮助孩子去面对这些社交场合，帮助孩子去建立自信心，可能并不管用。因为孩子的情绪体验并没有被父母接纳，反而一直被父母推着走向未知的环境。

如果，父母可以去接纳孩子那些焦虑的情绪，那么对于建立孩子的自信就会更加有效果。

孩子体验到了害怕、焦虑等诸如此类的情绪。孩子也怕自己不自信，更怕不自信之后父母是否还会依然爱他。所以，我们要能够接纳孩子真实的感受、真实的状态，并且帮助孩子一起去面对这些情绪。我们要告诉孩子，新的环境可能会遇到的东西，可能会见到的人，并且告诉孩子可以怎么做，同时和孩子一起想办法去面对。

比如，当你准备带孩子去参加一个亲戚朋友间的聚会时，你可以告诉孩子：这是个妈妈同学的聚会，会有一些妈妈以前的同学，也可能会有一些你从来没有见过的小朋友。你可以选择和他们一起玩，你也可以选择待在妈妈身边，如果你不知道要做什么的时候，可以问问妈妈，我们可以一起去发现些有趣的事情。

慢慢地，孩子就会在我们身上学到处理问题的办法和态度，逐渐地，自信就会慢慢内化到孩子的心里。

3

不知道你是否遇到过类似的场景：当孩子的玩具散落一地的时候，他感到无助彷徨，甚至恼怒，孩子开始发脾气。孩子说，为什么我就是不能做好呢？为什么我就是装不上这个玩具呢？

你会是什么态度呢？！

是不予理睬，还是失去了耐心对着孩子咆哮几句？

你是否会很理性地跟他讲道理，“你要用心啊，你要努力呀！你要尝试啊！……”说这些看起来正确却没有情感的道理？

你是否尝试过耐住性子，陪着孩子一起去安装玩具，一起去完成这件事情？

孩子通常会从父母身上学习如何去做好一件事情，以及面对困难挫折的态度。但是，我们成年人常常自己就不自信，自己就害怕去面对困难挫折。我们不但没能好好地去陪伴孩子面对，更多的时候，还把自己的害怕、自己的不自信投射到了孩子的身上。

所以一旦看到孩子遇到点挫折，我们要么失去耐性，要么就对孩子说些看似正确却毫无情感的道理。

此外，便是文章开头提到的，我们每次想和父母分享自己的喜悦与成就的时候，迎面而来的却是冷冷的情感隔离。

孩子本能地都会非常渴望和父母分享自己的成就，并且希望父母能够为他的骄傲感到骄傲。如果孩子内心深处可以确信父母为他感到骄傲的话，会给孩子带来莫大的自我价值感。

这种感受对孩子来说，不仅是一种愉悦、快乐的感受，更是他在难过、受伤、挫败的时候，给他提供的精神支柱。这就是父母对孩子的爱，这就是父母对孩子的信任，内化到孩子的内心深处，成了孩子自爱与自信的源泉。

## 4

我们常常说的性格或是人格，其实就是孩子在父母身上学会的态度和信念内化在了自己的心里。

**我们在童年时期和重要亲人之间的关系互动，特别是和父母之间的关系，都会被我们内化到内心深处。我们的一生，我们的行为模式就是这些内在关系投射到外部的人际关系上的一个过程。**

我们经常会听到很多人说，要学会接受自己，爱自己，要相信自己等诸如此类的自我催眠或是自我暗示的话语，但是，假如我们的内在模式并没有学会这些信念的话，这并不是件容易做到的事情。

自爱的人最自信。因为他们从小在父母那里感受到了爱、接纳、包容，感受到和父母的情感链接，感受到来自父母的情感支持。

在孩子的成长过程中，他们会遇到许多的事情，他们会享受成功，也会面对失败。而最重要的是，在孩子的心中，他们是否能够确信，无论他们是成功还是受挫，无论他们变得怎么样，父母依然都会给予他们关注和支持。

**自信源于自爱，自爱，是父母对孩子的爱内化至孩子的内心。**

因为有爱，所以自信。

## 过度自责，是为了内省，还是为了上瘾

生活中难免出错，但每个人面对失误的态度却大相径庭。

有的人出现了小失误，即使没有受到任何处罚或批评，他也会忍不住地责怪自己，甚至过度自责。而有的人，则会在错误中吸取经验，并相信自己会越来越好。

为什么呢？

### *1*

有位从事新媒体工作的同学，他说最近每次到工作的日子，他都特别焦虑难受，因为他之前出了个错误。他是微信公众号的编辑，轮值的当天需要负责推送编辑好的内容。前几天他推出了内容之后，才发现标题出现了明显的错误。

这是个不小的错误，他心里很害怕，他内心不断地嘀咕着，怎么会犯这么低级的错误？该怎么办？老板会怎么想？越想越觉得懊恼，越想越是自责，甚至手都在颤抖。

虽然是出错了，但好像并没有出现太坏的结果，反倒戏剧性地增强了粉丝之间的互动，评论区甚至还出现了很多很搞笑的留言。对此，老板也没有责怪他，反而特意开会总结了这次出错意外带来的效果，看以后是否可以策划出更接地气的营销方案。

尽管如此，这位同学依然控制不住地责怪自己。

他说自己是个特别容易自责的人。一点小错，就会自责半天，每次回想起来的时候还会再自责一次。总是在自责中折磨自己，因为标题出错这件事，他后来好几次在将要推送内容的时候，心跳都在加速，内容发出去之前，不停地一次次检查，总担心出错。

如果别人有表现得一点点不满，自己就会很受伤，觉得很羞愧、自责、自卑。以前也有过类似的事情，因为害怕出洋相，结果不敢去尝试，错失了机会后又忍不住再次自责。

## 2

自责，是因个人的错误感到内疚而责怪自己。

一定程度上的自责，可以让自己看到责任所在，并对错误负责；而过度的自责，就有点像是不想为此事负责了。因为你一直沉浸在痛苦难受的快感之中，以至于忘记了接下来要去做的事情。

有位来访者，在迟到后见到咨询师表现得惴惴不安，虽然一开始咨询师就表示了并不介意，但是这位来访者还是不断地和咨询师解释路上耽搁的原因，并且很自责地说自己是不守时的人。

在咨询师看来，这位来访者并不是经常迟到的人，为何偶尔的迟到却让他有如此之大的反应？他的反应，究竟表达了什么？

这种感觉似乎在表达，迟到对他来说只有一种选项，就是他觉得自己是个不守时的人；或者说，他害怕别人觉得他是个不守时的人，哪怕别人并不介意也不责怪，但他依然沉迷于这个自己和自己玩的游戏之中，只要游戏没有结束，就不会有结局。

**过度自责，就像是一种令人上瘾的动力，沉迷于过度自责的游戏中，似乎就可以逃避失误之后的惩罚。**

尽管可能没有什么实质性的惩罚，但是这种防御模式已经内化在心里，一碰到类似的情况，就会启动防御模式狠狠地先自责一番。

## 3

很多人小时候就有过类似经历，和同学打架了或者发生了什么事情，当别人来家里告状的时候，有些父母不问清楚是非对错，就先把你给打一顿。

我小时候也有过这种经历，当我试图和父母说清楚缘由的时候，父母说，打你是为了保护你。这什么逻辑？我一直没搞懂这句话的意思。

后来我才从父母口中得知，因为他们惧怕对方的怪罪，且不说事情的对错，即便你有理，如果别人的气没有消，再来找你算账怎么办？

从这个解释中，虽然可以理解父母的动机，但是仍然让我难以释怀。

而且，父母对我们的责备打骂，我们本身就会产生愤怒，但是我们不能表达愤怒，或者也有可能表达了愤怒之后又将受到更大的惩罚。

于是，我们也就内化了这样一种模式，当遇到可能被指责被惩罚的时候，就先对自己下手狠一点，那么别人也就不好再对自己怎么样了。

**过度的自责，就有点像这样的自我保护措施，害怕惩罚，先自我惩罚，以此想求得别人不从外部惩罚自己。过度的自责，可以保护和缓解我们当时害怕现实惩罚而产生的内心焦虑。**

## 4

过度自责的好处，不仅可以防御内心害怕被惩罚的焦虑，还可以满足自我控制感。

因为指责、惩罚，那些本该是由别人来操控的事情，都被自己掌控了。你把别人指责与惩罚你的机会给抢走了，就好像这件事情最终都是由你来操控一样。

有位网友说，某天晚上自己煮糖水，但是忘记加水就直接炖上了，幸好发现得早，没有烧焦，但是自己发现的那一刻，感觉就像要崩溃似的。老公过来开玩笑地说了一句“你太厉害了”，她说当时就觉得自己犯了天大的错误，甚至有些天旋地转的失控感，然后她就开始不停地自责了。

自责，可以缓解失控带来的焦虑。

因为别人没法控制，事情的发展也没法控制，但是我可以控制我自己，如果我能够做好，如果我当时做好了，事情就不会变得那样了——当我们这么想的时候，就在一定程度上缓解了失控感。

过度的自责，有点像孩子式的自恋心理，所有的事情都是我导致的，我需要负最严重的责任。

孩子的世界很容易坍塌。牛奶没拿好洒了一地，孩子的内心都可能会崩溃。

我的心理学同门谭露曾分享过她的一个亲身经历。

她的女儿因为没有拿好牛奶洒了一地，她本来想抱怨指责一下，但是看到女儿很伤心难过的表情，她意识到，孩子的牛奶洒了，最难过的就是孩子自己。孩子除了难过，还有羞耻、愤怒、愧疚、自责。

她一下觉察到自己的成长经历。自己犯错了，除了要面对糟糕的事情以外，还要面对父母的指责，甚至惩罚。自己的情绪得不到理解，还要承受父母的攻击，孩子为了防御现实世界产生的痛苦，就学会了对内心的自我苛责。

## 5

怎么办？父母的共情很重要。

有时候，父母只要说出孩子当时的内心想法：“牛奶洒了，你一定很难过了。”孩子这时的情绪就得到了理解。

**父母的情绪包容力，对孩子来说非常重要，父母不会跟着孩子的崩溃而失控，不会因此指责孩子，孩子的内心就会有个稳定的客体，他会难过，但不会觉得失控，**也不会觉得这是多大的一件事情，他还会因此学会如何更好地拿好一杯牛奶。

谭露说，这份自责是她童年习得的经验，差点又传承到了孩子身上。幸好她觉察到了，也稳稳地接住了孩子当时的情绪。

过度的自责并不是真正的内省。

自我的惩罚却是最沉重的惩罚。

如果你也经常过度自责，不妨问问自己，你的自责是为了自省，为了以后不出类似的错误，还是因为害怕失误背后的惩罚？

即便是现实中没有人会因此惩罚你，但是这种曾经害怕的心理一直存在着，你所防御的是当下的害怕，还是曾经的害怕？

## 过分独立的背后，藏着对爱的渴求

为什么有的人总是习惯性地拒绝接受他人的帮助?

有些人在面对别人好意帮助的时候，总是习惯性地拒绝，即使他可能真的很需要帮助，或是内心其实也想接受帮助，但最后还是下意识地选择了拒绝，这又是什么心理呢?

发来这段疑问的是一位萌妹子。说她是萌妹子，是因为她的微信头像的确很软萌，至少，头像折射出她内心希望有软萌的一面。但是在生活中，她却是一位女汉子。

她说，灯泡坏了自己换，电脑坏了自己修，以前加班到深夜也拒绝男友接送，甚至还因此和男友发生过争吵，因为男友认为她不给自己机会照顾她。这些或许可以看作是独立，但有时候，的确会遇到些自己无法解决的困难，却总是在他人提出帮助时拒绝。

男友认为她性格要强，妹子自己分析则认为怕欠人情，所以独立；也因为自尊心在作怪，认为自己能做的事要尽量自己做；她有时候会看不惯小鸟依人的女生，但有时候内心也很想依赖对方，可就是过不了自己的那道坎。

过不了的那道坎，是怎么样的一道坎呢？

## 1

我们从小到大都接受着这么一种教育：人要独立。因为靠山山倒，靠人人倒，靠父母父母会老，靠自己最好。

这句话对吗？对的。说它对，是因为它描述的是一个客观存在的事实。但它也是相对的，因为再正确的观念，放错了时间地点，也可能产生副作用。

曾有一位女性朋友，在聚会上和大伙分享，她自从读大学开始，就从未花过家里的一分钱。因为父母离异，从小和弟弟跟着妈妈生活，妈妈是个很坚强的女人。妈妈也从小就教育她，“这个世界上没有谁可以让你依靠，就得靠自己”。

所以她从小就学会了独立，大学四年，靠着奖学金、贷款、打零工完成了学业。毕业几年之后，靠着自己的打拼，在南方沿海城市有了自己的房子、车子。在外人看来，她是如此的厉害。而她自己却说，每当夜深人静之时，她内心偶尔还会有一丝丝的悲凉。

因为，她不得不独立。有时候，她也希望能有个依靠，哪怕只是短暂的放松也好，但她的意识总会告诉自己不行。

她开玩笑地说：“太独立并不一定是牛 ×，也可能是苦 ×。”

## 2

被迫的独立不是真正的独立，是不得不面对的独立。

婴幼儿在生理上必须依赖于父母的照料才能存活下来。同样的，

**心灵的滋养也是因为有对父母的情感链接，有了心灵的滋养，孩子人格的成长才能健康独立。**

**每个人的成长，无论是生理的还是心理的，都是从依赖走向独立的。**

许多人有困难不会主动寻求帮助，或是拒绝他人的帮助。通常是因为自己已经习惯了独行侠的感觉，习惯了自己面对问题，也许以往面对的现实问题最终是解决了，但在过程中却从未得到过情感的支持。

更可能是，因为在生命早期，孩子对父母发出了爱的呼唤，却没有得到父母爱的回应。孩子经历了等待、失望，最后绝望。因为没有得到父母的回应，或者是父母的回应带着抱怨，孩子会自恋地觉得自己打扰了父母，伤害了父母。

中国式的养育中，我们常常希望孩子懂事，懂事的孩子最独立，独立的孩子就不会给父母添麻烦了。

**独立的孩子也最孤独，因为那是假性独立。假性独立，是我们心理的一种防御机制。**

## 3

英国著名的精神分析学家约翰·鲍尔比在依恋理论里面提到，依恋是指儿童与照料者（通常是母亲）之间强烈、持久的情感联结。

当照料者及时发现并满足个体的需求时，个体就会逐渐形成一种认为自身具有被爱的价值且他人是值得信赖的心理表征。相反，如果照料者表现出冷漠和拒绝，那么个体就会认为自己是不值得被爱且他人是不可靠的。

鲍尔比在研究过程中还发现，很多孤儿院的儿童都拒绝其他人来照顾自己，尽管他们非常需要人帮忙，但从不用行动表示出来，他们对那些替代性照料者（如孤儿院的护工）表现出冷漠和拒绝的态度。这些都是早年依恋关系的缺失所带来的创伤。

养育者因为各种原因，使婴儿无法感受到稳定的客体。比如，我们常常可以看到这样的画面：一家人围着餐桌吃饭，小婴儿一个人被放在婴儿床里无人照看；又或者，照料者经常更换。

这种痛苦太难受了。

孩子为了让自己好过一些，就会给自己的内心建立起一个保护层。

在保护层中，孤独感就好像是一种有力的坚强感，就像小孩子时，你突然就学会对自己说，没有谁能保护自己，你只能靠自己。

我想获得爱，我也渴望爱，但是我更害怕渴望后的绝望。

于是，我们在内心深处构建了一个不安全的关系模式。我们的潜意识会担心，如果依靠别人，就会重复我们早年经历过的创伤痛苦。为了避免这种痛苦，我们会发展出各种各样的防御机制。

不依靠他人，也就意味着不会被他人伤害，我们需要这些防御机制，我们需要用保护层来保护自己不受伤害。

**保护层就如一堵厚墙，把伤害挡住了，同时也挡住了亲密关系中美好的体验。**正如那位萌妹子，加班到深夜却拒绝男友的接送，男友认为她不给机会让自己照顾她。其实，男友的潜台词很可能是为什么我们之间有距离，为什么不让我走近你。

很多时候，我们太过于认同自己构建的保护层，甚至觉得这就是我们自己。我们不想拿开保护层，也很难拿开，因为拿开了，就好像失去了自我保护的力量。

所以，我们学会了独立，很独立，太独立。假装不需要他人，想象自己可以应对一切。

## 4

鲍尔比在其依恋关系学说里面还指出，那些拒绝别人帮助的孤儿院的孩子，他们的行为并不会永远持续下去。因为，在经历了冷漠和退缩阶段之后，如果有一个稳定的、可信赖的替代对象，他们会将其当作母亲一样对待，进而形成最基本的依恋。

但如果没有稳定的替代对象，或出现其他不利的情境，如自己的需求常常无法得到满足时，他们会变得以自我为中心，并倾向于与所有人保持短暂且浅淡的关系。

所以，**真正的独立是要有可以依靠的情感支持。**

在孩子的成长过程中，需要让孩子感受到来自父母的情感滋养，当孩子在遇到困难挫折的时候，父母可以和孩子一起面对。

在亲密关系中，需要让伴侣感受到来自对方的情感链接，当互相触碰到对方真实而脆弱的灵魂之时，可以展现自己最真实的样子。

孩子的独立，是建立在对父母足够的依靠和支持的基础上。

个体的独立，体现在有亲密也有自我界限、有依靠而不过度依赖上。

但愿，有人看透你的坚强之后，给你一个温暖的拥抱！

愿你伸出双臂，如果你还渴望被拥抱！

# 第三章

# 真实地爱自己，才能真正地爱别人

## 哭出来的是悲伤，哭不出来的是抑郁

《海边的曼彻斯特》，这是一部很“丧”的电影。

影片的男主角 Lee 是公寓的勤杂工，替公寓的住户们修理水管疏通马桶。他从不微笑，经常顶撞老板，在酒吧寻衅打架，住在公司提供的半地下室里，房间里没几件像样的家具。“丧”这个字几乎是写在了男主 Lee 的脸上。

Lee 因为哥哥的突然去世，回到家乡曼彻斯特处理后事，在医院看着死去的哥哥他面无表情，医院、殡仪馆、律师所，每一个场景的切换，都陷入一段回忆。过去的他也会笑，也曾有幸福的家庭，有一起喝酒打球的老友……

然而一个冬日夜晚，本想为孩子燃起壁炉取暖的他，却忘记挂防护网，在他从便利店购物回来之后，发现自己的家淹没在火海之中。留给他的是烧成灰烬的房子，哭得撕心裂肺的妻子和三个孩子的尸体。

人在面临巨大伤痛的时候，会有怎样的反应？有的人会哭得撕心裂肺，而有的人却哭不出来，因为他已彻底被巨大的悲怆吞没了。

在警局录完口供之后，警察说他是犯了错，不会因此定罪，但是Lee不能允许自己“无罪”。他拔出警察的手枪指向自己试图自杀，虽然最终被警察制服，但此后的Lee把自己活成了“丧”的样子。

他找了一份又苦又累的勤杂工工作，也不在乎报酬和他人的眼光；他拒绝接受任何女人对他的示好；他故意醉酒挑衅、打架、挨打……

Lee独自离开了曼彻斯特。离开，是为了隔离这里的一切情感。

哥哥的去世，又把他拉回到了这个城市。

在街上邂逅了前妻，听着前妻介绍现在的生活，看着前妻现在孕育的孩子，Lee什么也说不出来，只是哽咽着不停地摇头，没事的，没关系的。

他的心已经什么都没有了。悲伤，成了他身体的一部分。

*1*

整部影片里，大部分的情感都是隐忍而克制的，痛苦悲伤深埋在生活的水面之下。

为什么有那么多的伤痛，却哭不出来？因为悲伤太沉重了，难以承受。前妻还可以指责抱怨，还可以哭。Lee除了悲伤，还有自责、内疚、严重的自我攻击。

所以，Lee故意隔离了自己的情感，把自己关在了另一个世界，把自己搁在了生命之外。

**隔离**是一种心理防御机制，它把所有的情绪感受隔离，世界都被关在外面。悲伤、快乐……所有情绪都被挡在了外面。生命里的一切努力，动因都是情感，所有的感受都来自于人与人之间的互动，为了隔离这些感受，Lee断开了和所有人的情感链接。

电影中有一段情节，侄子请Lee去和女友的妈妈聊天，以便有足够的时间可以和女友待在一起，女友的妈妈尝试着和Lee聊了一会儿，就忍不住跑去敲女儿的房间门了，因为Lee的冷漠和隔离让她无法忍受。

所以Lee离了婚，离开了这个城市，去做一份不大和人接触的工作，不在乎他人的看法，并把跟他示好的人、想帮助他的人都推开。

在街上邂逅前妻，短短的对话，Lee却无时无刻不想逃走。前妻的温柔，对他却是痛苦的提醒，因为防御被打开了，悲伤再次涌上心头，内疚、自我攻击再次袭来。转头，他只好到酒吧寻衅打架，也许只有在身体遭受疼痛之后，才能缓解内心的煎熬。

心理学家曾奇峰讲过一个例子。一群学员在讨论案例报告的时候，听到悲惨的事情，大家都情绪低落，甚至有人都开始哭了，而其中一个人却放声大笑，让别人都恨不得揍他一顿。

督导老师便解释说，大笑的人是因为别人的情感没有进入他内心，他把这些情感隔离了。为什么要把自己如此隔离？也许是他有着与这个案例相似的悲惨体验，他为了保护自己不受伤害，所以比别人需要更多的隔离。因为一旦隔离被打破之后，他可能是所有人中哭得最惨的那个。

**一个人的情感不出来，不能和自己的情感保持接触的话，那些情感就会以各种各样变异的形式出来，变异的形式多半就是我们所看到的症状。**

## 2

悲伤、难过、内疚、愤怒这些情感，几乎是每个遭遇丧失的人都会产生的。

面对生命的丧失，哀伤是一件自然而然的事情。

**每个人都具有自我疗愈的能力，丧失是痛苦的，哀伤便是丧失修通的渠道。**

最初我们痛苦的情绪出来的时候，体验它，接受它，让自己充分地悲伤，大多数人都可以从这个过程中走出来。

哀伤期的长短因人而异，一般而言，大部分人的哀伤期会短于6个月。

还有部分人可能会持续地在哀伤中无法走出。如果持续超过6个月，就需要重视了，必要的话可以寻求专业的哀伤辅导。

哀伤辅导通常有四项任务。

（1）接受丧失的事实。确认和理解丧失的真实性，增加失落的现实感。

（2）经验伤痛的情绪。协助当事人去处理已表达或潜在的情感，帮助当事人去表达悲伤，充分地去哀伤。

（3）调整和适应丧失的生活。协助当事人学会如何应对丧失后的改变，及在适应过程中出现的障碍。

（4）重建关系。在情感上重新定位已丧失个体在内心的位置，好好和过去说再见，并走向新的生活。

## 3

很多人在观看电影《海边的曼彻斯特》的时候，都会因为Lee那句“I can't beat it!”流泪，他给自己定了罪，他把自己关在另外一个世界里面，也许他也曾想过要走出来，也许他也曾想过要触碰现实的世界，但始终未能打破内心的高墙。

电影最后，Lee依然选择离开曼彻斯特，他没有做侄子的监护人。因为侄子不想离开这个地方，这里有他熟悉的朋友和恋人，而Lee也无法留下，因为这里有他心碎的过往。

分别前，侄子问Lee为什么不能留下来。Lee埋下头，沉默良久，说了那句：“I can't beat it!”

不是不想，而是不能。

虽然无法感同身受，我们却依然能够透过屏幕，共情到男主角的无力与沉重，难过到极致，哭也哭不出来的哀伤。

瑞士心理学家维雷娜·卡斯特说：**一个人之所以患上抑郁症，往往不是因为过度悲伤，而恰恰是拒绝了悲伤。**

多希望Lee可以放声大哭一场。

哭出来的是悲伤，哭不出来的便成了抑郁。

## 父母的共情，是孩子认识情绪的镜子

有位妈妈发来消息说，最近孩子老是说自己不行，她听着都烦，不知道该怎么办好。

比如，孩子在玩积木拼图，有时候拼不好，或者找不到那个位置时，就会哇哇大哭，然后会说："为什么它不让我拼，为什么我总是不行？"

这位妈妈说她想告诉孩子：可以的，加油，你可以完成的，可以拼好的。她想树立起孩子的自信心。但是孩子还是哭着说：为什么就是不行，为什么总是不行。孩子处于情绪之中，哭闹着就想要妈妈来完成拼图。

这位妈妈想多鼓励下孩子，偶尔也会动手去帮孩子，但是，这明明是他可以去完成的事情，妈妈试图在旁边告诉孩子，可以怎么样玩。但是每次听到孩子这样哭闹着说自己不行的时候，总会有股无名火。

有好多次，妈妈自己也没有了耐心，怼回孩子爱玩不玩。虽然知道自己的做法不妥，可是该怎么办呢？

### 1

很多父母可能都碰到过类似的问题，孩子说自己不行，或是说自己很笨。于是，父母便开始试图说服孩子，你可以的，你不笨。

这让我想起一个笑话，是一段父子间的对话。

儿子：我很笨。

父亲：你不笨。

儿子：我就是很笨。

父亲：你不笨，还记得你小时候，老师常常夸你聪明呢！

儿子：我是笨，看看我考试的分数。

父亲：你不笨，只需要再努力一些就好了。

儿子：我已经很努力了，我就是很笨。

父亲：你很聪明，我知道的。

儿子：我知道我很笨。

父亲大声地说：你不笨。

儿子大声地说：我就是笨。

父亲：你不笨，笨蛋！

**当孩子表达否定自己的想法，或是处于消极状态的时候，我们的鼓励或是对这种状态的否认，并不能帮助到孩子。**当孩子哭闹地说自己不行、很笨的时候，父母常常会试图马上纠正孩子的想法，因为孩子的哭闹让父母产生了焦虑。

父母处于焦虑的情绪之中，都忘记去看看孩子哭闹的背后有什么情绪的困扰。

而此时，**孩子最需要的是父母的共情。**

精神分析里面有个术语，叫投射性认同。意思是，你透过行为或态度，使别人受到激发，而产生一些不好的情感体验，而那种情感体验正好是你不喜欢在自己身上发生的。

简单来说，就是让他人感受到你身上的不愉快的情感体验。

就像那个笑话中的父亲，还有那位充满无名火的妈妈，他们体验到的，都是当时孩子难受的情感，孩子无法用语言把这些难受表达出来，而父母的沟通并没有去共情孩子的感受，孩子就会在和父母的沟通中使父母难受。

## 2

其实孩子并不是想让父母难受发火，之所以会出现这样的沟通状况，是孩子潜意识发出了信号，目的是为了让父母体验他的难受，希望父母可以因此理解自己的感受。

所以，**当孩子在和我们抱怨，或者哭闹着说起一件事情的时候，我们需要先关注的，不是事情本身，而是这件事给孩子带来了什么样的感受。我们要先回应的，不是事情本身，而是孩子的感受。**

比如文章开头那位妈妈的困惑，当孩子在诉说他总是不行的时候。如果只是对孩子说："加油，你可以的。"或是给他一些建议，该怎么找拼图，也许并没有什么作用，甚至可能会降低孩子的自信心。

但是，我们可以试着从他的感受来回应他。他之所以总是说不行，很有可能是因为他已经尝试了很多次都不成功。

我们可以这样回应孩子：

有些拼图玩具确实是挺难安装的。
总是安装不了，你觉得很难受是吗？
你刚刚一直在很努力地尝试，安装不了会让你很难受。

当孩子知道自己的感受可以被理解的时候，情绪的困扰就会大大地降低。当我们可以这样告诉孩子的时候，孩子会觉得他难受的、不好的情绪被接纳了。

接下来的对话，就相对容易多了，孩子可能会告诉你更具体的事情，比如他在玩拼图的过程中发生了什么，是哪个拼图拼不好等等。把情绪和现实的问题区分开，处理了情绪，现实的问题也许只是个很小的问题。

## 3

如果孩子的确遇到了无法克服的困难，我们可以对孩子表示，愿意帮助和协同他一起完成。但如果那是孩子可以独立完成的事情呢？比如，他知道怎么拼，以前也完整地拼好了这个拼图，或是完成过这件事情。那孩子的哭闹，也许在表达另外一种情感。

等孩子的情绪稍好一些的时候，我们可以和孩子澄清，“妈妈觉得你不是不能完成，而是你想让妈妈帮你完成，是吗？”

这样做的目的，首先，可以肯定孩子的能力，他可以的，他有能力完成这个拼图；其次，和孩子确定他真实的需求是什么，比如这个孩子可能是希望妈妈来帮助他，也可能是喜欢妈妈来帮他的时候，让他有一种可以和妈妈一起玩的感觉。也有可能，是孩子担心因为自己玩不好，所以自己就不够好，他害怕妈妈因此不喜欢他了。

我们可以对孩子做多个澄清的解释：

你尝试了很多次都不能完成，是不是怕妈妈不喜欢你了？
你尝试了很多次都不能完成，是不是想妈妈来帮助你一下？
但是妈妈没有帮你，你觉得妈妈不爱你是吗？

我们可以尝试问孩子诸如此类的问题，来了解孩子真实的想法和情绪。最重要的是要明确地告诉孩子，你对他感受的理解，这种共情可以让孩子印证父母对他的爱。

当孩子遇到困难挫折，当孩子有各种难过苦恼的情绪，我们很自然地会想着给评价、方法，甚至会见诸行动地去帮助孩子。很大程度上，这是为了缓解自己的焦虑，认为问题解决了，孩子就不哭了。

但是，孩子并没有在我们身上学会处理情绪的方法。

## 4

**镜映，是心理咨询里面的术语，说的是咨询师会像镜子一样，让来访者看到自己。**

**我们看着镜子，就可以看到自己的模样。当我们可以对孩子共情和镜映孩子的感受的时候，其实也是在教会孩子学会表达自己的感受。**

比如告诉孩子，“如果需要帮助的话，可以用语言来表达，如果你哭闹着说话，妈妈未必马上能够理解”。

告诉孩子，用语言来表达，而不是用哭闹来表达。也许，一次两次并不能有显著的效果，但如果可以这么操作的话，你会发现孩子越来越能够清晰地表达他的诉求，同时，也能学会更好地处理自己的情绪。

当我们给予孩子共情时，其实也就给了孩子这样的信息——“你的感受很重要”“你的感受对爸爸妈妈很重要，我们希望可以理解你的感受”，而信息的背后便是父母对孩子的爱与接纳。

## 我们都渴望被看见，却常常视而不见

有位朋友说，昨天和老公吵架了。吵架的原因也很简单，因为老公回到家就一直捧着 iPad 玩游戏，没有理她，也没有照料孩子。

他们已经不是第一次因为这件事情吵架了。只是，昨天晚上孩子吵着想要拿 iPad 来玩，老公被孩子闹得心烦意乱，就让孩子来找她要手机。想着平时都是自己带孩子，老公却在那里逍遥自在，一怒之下她把老公的 iPad 给砸了，老公也把她的手机给扔了，这是他们结婚四年来最大的一次争吵。

以前每次和老公聊天的时候，老公总是一边玩着手机或者电脑，一边有一句没一句地说话。每次这样的时候，这位朋友总是很失落，她不知道自己究竟在失落些什么。

很偶然地，她翻看到了我的微信公众号之前推送过的一篇文章，《父母的共情，是孩子认识情绪的镜子》。

朋友说当她看完文章后竟然忍不住哭了。她说："原来，我一直想要一个爱的证明，我也渴望着被我的父母看见，被我的丈夫看见。”

为什么这次会对老公有那么大的愤怒，原来是因为她一直都没有被看见。为了渴求对方的看见，这几年来，已耗尽了自己对生活的热情，愤怒终于压制不住地爆发出来。

**恨，是因为爱而不能。愤怒，是对链接的渴望。我们每个人内在的孩子都渴望被看见，因为看见，才有链接，才有爱。**

孩子渴望父母的看见，恋人渴望彼此的看见，但生活中，我们却往往视而不见。

*1*

这让我想起了以前在楼下小区散步时候看到的一个画面。

一位妈妈带着她的女儿在小区里面散步。

“妈妈，妈妈，你看呀！”小女孩跟在她妈妈身后喊着。

“噢。”女孩的妈妈简单地回应了一句。

“妈妈，为什么这个水池的水干了？”

“妈妈，妈妈……”

女孩一直在叫妈妈，她想和妈妈分享她发现的东西，她想妈妈能够注意到。那位妈妈一直在聚精会神地盯着手机屏幕，漫步在前面，最多只是简单地回应孩子一句。

小女孩一开始的声音是兴奋的，慢慢地，音调降了，再慢慢地，小女孩不再叫妈妈，她在地上拣了一根树枝，拿着树枝跟在妈妈身后，没再说一句话了。

自体心理学关于客体情绪经验中说到，**当人在不能被很好回应的环境中，那即是精神之死亡或者停滞之地。人的精神世界，追求的是**

**一种被理解和看见的情感。无回应之地便是心灵的绝境。**

我们成年人也经常能够感觉到，如果没有被对方看见，自己的情绪难免失落，甚至起伏，就好比前面提到的那位朋友。想象一下，如果你在和伴侣的互动中，对方玩着手机、电脑，有一搭没一搭地回应着你，你的感受会如何？

## 2

曾在微博上看到一则消息，是位小朋友的伤心日记。这位小朋友是小学二年级的学生，妇女节那天，他想要为妈妈做点事，以感谢妈妈每天为家庭的辛苦工作。

小朋友先是给妈妈讲了个小故事，但是妈妈好像对这个故事并不感兴趣，因为妈妈一直在看着手机。虽然心情打了折扣，但孩子想着，也许给妈妈祝福妈妈会喜欢吧，可是妈妈依然盯着手机。

孩子又继续想办法，给妈妈捶背，然后又给妈妈洗脚……妈妈的注意力还是在手机上面，孩子在费尽心机地渴望和妈妈产生一点链接，他只是想在这个特殊的节日里对妈妈表达自己的爱。

最后，孩子很伤心地写下了这篇日记，写下了他一直试图和妈妈链接，但是，无论他讲故事还是给妈妈捶背、洗脚，妈妈的注意力却只停留在手机上面。

有个叫 Still Face 的实验，说的就是婴儿对情绪与表情的敏感。

一开始，是婴儿和妈妈之间的正常互动，孩子发出动作，妈妈开心愉悦地呼应，每次当妈妈回应孩子的时候，孩子面露笑容、开心满足。

然后实验开始了，妈妈调整了一下，再次转过脸来的时候面无表情。小婴儿愣了一下，不知道发生了什么事情，然后，孩子想试着用之前和妈妈互动的方式来呼叫妈妈，但是没有效果。停顿一阵子后，他使用了讨好、表演、大叫等各种方式，但都没有效果，最后孩子伤心地大哭起来。

当孩子的感受不被妈妈看见时，孩子为了维持关系，会围着妈妈的感觉转，这就失去了自我。当我们的感受不被看到的时候，这种感觉太可怕了。所以我们会形成各种各样的保护层，发展出各种策略切掉自己的真实感受。

## 3

就像文章开头的那位朋友说的，每次老公有一句没一句地回应她的时候，她都会觉得失落，直到她看到自己真实的感受的时候，才触发了她和丈夫结婚以来最激烈的一次吵架。她才发现，原来自己一直都没有被看见，原来自己是多么渴望一个拥抱。

那位朋友说，有时候在家和孩子的互动，好像自己也是这样，对孩子没有用心地回应，没有留意孩子的情绪。反而更多的是因为和丈夫的争吵，孩子常常来安抚她的情绪，孩子好像变得特别坚强和懂事。就像小时候，她的妈妈一直要她独立、懂事。

可以独立，也可以懂事。可是，独立了，懂事了，却并没有换来父母的回应。朋友说，她多想妈妈可以哄哄她，她多想可以偶尔撒撒娇、耍耍赖、发发脾气，可是只有独立和懂事才能换回一句夸奖，只是夸奖，只是因为给父母省事的夸奖，没有情感，也没有链接。

朋友说，他们夸我的时候，哪怕是看着我也好，抱抱我也好。

我们都渴望被看见，我们却也常常视而不见。

如果可以，放下手机，放下不是特别紧要的工作，腾出时间好好陪陪你的孩子，好好陪陪渴望被你看见的人。

**链接，是最好的回应。看见，便是最好的爱。**

## 抑郁的妈妈，希望你也被温柔抱持

一位朋友说，最近和家里人的矛盾不断，问题都是围绕着孩子，她刚刚当了妈妈。

当了妈妈是怎样一种感受？

朋友说，生孩子之前，她想象当妈的画面是，孩子乖巧，丈夫体贴，一家三口有说有笑，看书、游戏、逛公园……

而生了孩子之后她才逐渐意识到，自己已经不再属于自己，自己是个孩子的妈妈了。

但是，似乎丈夫却没有这么强烈的体会。

在孕期，她就看过大量的育儿书籍，那时候丈夫也挺支持，觉得她一定能够当好妈妈。但是孩子出生之后，她才真实地感觉到，带孩子真的太累了。

她可以很容易地感受到孩子的需求。比如，孩子哭了，她知道孩子可能是饿了或是拉大便了。但是，因为身体还没完全恢复，有时候太累了，就想着丈夫或者公婆可以帮忙，但是家里人不知道孩子的需求。他们感受不到，甚至有时候丈夫会认为她过于敏感。

无奈，只好靠自己，结果又被家人说她矫情。

带孩子太累，丈夫给不了她支持，公婆又不赞同她养育孩子的新方法。他们也反感她对孩子的敏感，公婆对她说："既然你的方法是科学的，那你就自己带孩子吧。"

于是，孩子的哭喊，孩子出现的问题，所有原因都会归到她的身上。

这位朋友说：觉得很心酸！别人只会埋怨妈妈们的情绪，说她们敏感抑郁矫情，却不知道她们本能地默默承受着，承受着当妈的本能。

## 1

"原初母爱贯注"，是英国精神分析学家温尼科特提出的理论：

母亲从婴儿出生前到出生后数周内，全神贯注于满足婴儿需求的高度敏感的心理状态。从孕后期开始，母亲的兴趣逐渐从自己和外界转移到婴儿身上，自己的存在仿佛只是为了适应婴儿的需要和愿望，其他曾经重要的一切都退居其后。

很多准妈妈有过这样的体验，越是临近预产期，就会控制不住地开始准备东西，收拾屋子，购置各种可能需要用到的婴儿用品，布置孩子的房间、婴儿床等等。

这是因为，准妈妈在为自己成为一个妈妈做准备，不仅是为现实层面的需要准备，更是为自己将要适应新的身份而做准备。

很多时候，丈夫可能难以理解，为什么要整那么多的花样，买那么多不必要的物品，怀着孕还跑来跑去地布置房间？

就像动物一样，人类也有着筑巢本能，这些都是妈妈的本能。

在孕育一个生命的过程中，妈妈体验到的不仅是身体的变化，还有身份的变化、心理的变化。而这些变化往往又是交织在一起，模糊不确定。这些都会给妈妈们带来焦虑。

## 2

特别是对于新手妈妈而言，常常还会伴随着自我怀疑，怀疑自己能否胜任，担心自己能不能当个好妈妈。

一方面，她们会憧憬着要如何照顾好宝宝，以后要带孩子去哪里玩，要教会孩子什么知识；另一方面，她们会担心如果奶水不够怎么办？孩子身体发育好不好？甚至还会考虑家庭关系、职业发展等等。

新妈妈们每天所承受的压力跟精力的损耗，是大部分的人无法想象的。特别是坐月子期间，身体尚未恢复，而婴儿会无休止地向妈妈发出生理的、心理的需求，妈妈们本能地会想要满足孩子。

但这样的满足常常会让妈妈们精疲力竭，喂奶、夜哭、换尿布……很多时候，妈妈们会觉得自己的世界被吞没了。孩子不睡，自己想睡又睡不了，睡了没多久又被吵醒，给老人或保姆带着又不放心，甚至还会觉得自己没有尽责。

很多时候，妈妈们自己的身心都已扛不住了，希望可以得到休息，这种休息不仅是身体上的，更是心理上的休息。而最好的情形就是孩子可以快快地睡着，一起睡着。

妈妈希望能够快点让孩子睡着，也好让自己休息，当孩子因为各种原因不能入睡的时候，妈妈又会焦虑到愤怒。

焦虑的是，为什么自己不能照顾好孩子睡觉，难道不能胜任这个角色吗？愤怒的是，我都已经那么辛苦地哄你睡觉了，为什么你不让我休息？

## 3

有位网友在我的微信公众号后台留言说，孩子得了严重的湿疹，觉得很对不起孩子，每次看到孩子复发，自己就觉得特别无助，无助得想自杀，那种感觉太差了。

另一位网友留言说，带孩子太累的时候，有时会忽然冒出种想法，恨不得将孩子弄死，然后再自杀。但是这个想法一出来，就忍不住骂自己。

很多妈妈会因为自己闪现过这些念头，产生强烈的愧疚感和自我攻击。再加上妈妈在孕期对自己憧憬的完美想象被打破，觉得自己不是好妈妈，觉得自己一无是处，又迫切想要带好孩子。

孩子感受到了妈妈的情绪，自然也无法平和地入睡。妈妈身心疲惫，此刻又觉得孩子好像在故意和自己过不去，自己怎么努力孩子都在哭，这时情绪就难以控制，甚至是忍不住想攻击孩子。

## 4

温尼科特还提出了“足够好的妈妈”这一概念。

温尼科特认为在婴儿成长的过程中，足够好的妈妈会给孩子提供足够又不会过多的抱持，既不忽略，也不会过度干涉。这种足够好的妈妈不同于完美主义和理想主义的思路，后者剥夺了孩子某种成长，没有机会去适应外部的挫折。

而“足够好的妈妈”同时也告诉了妈妈们，那些做不到的、不能够完美的地方不是错，那些真实的情绪，都是为了让你得到适度的休息和调整，都是为了让孩子有逐渐适应外部挫折的能力。

同时，作为丈夫，要尽可能地给予妻子理解与支持，你的包容，就是对孩子的抱持。父亲可以为孩子做的最好的事情，就是抱持孩子的母亲。因为这样，妈妈的情绪可以流动，妈妈才有足够的空间抱持孩子的情绪。

为什么那么多妈妈会产后抑郁?

产后抑郁除了生物学因素外，常常是妈妈对孩子产生了内疚和焦虑，但是情绪又无法得到舒缓和抱持，相反还可能要承受家庭的苛责。

很多人只看到这个时候的妈妈情绪敏感而不稳定，却不知道她们在为成为一名妈妈，本能地努力着、默默地承受着。

此刻，她们最需要的就是家人的温暖和支持，而不是评价和指责。

祝福所有新妈妈，希望你们也能如新生的孩子般，被温柔地抱持。

## 我想要的是拥抱，而你却跟我讲道理

你的身边有没有某个人或者某些人，总喜欢跟你讲一大堆正确的道理。他们说得似乎都很对，你却越来越不想理他们。

### 1

有位女生发来邮件“吐槽”，说她的男朋友太爱讲道理。

她和男友相处了三年，男友从来就只会讲道理，不管是她的情绪，还是男友的脾气，一遇到问题，男友就开始不停地讲道理。

每次遇到事情有不同意见，男友就开始讲道理，说她如何如何不对了，又该怎么怎么样，然后还能扯出些历史人物旁征博引。她说，有时候自己只是一点小情绪，比如和家人发生了矛盾，或者工作不顺心，就是抱怨几句，想有个人安慰一下，哄哄抱抱啥事都没有了。然而，男友总是一本正经地讲道理、分析事情的对错。

因为男友说的好像又都是对的，于是，她就有股无名火不知道发去哪里好。再后来，就完全不想听男友说话，要么争吵，要么冷场。

遇到一个爱讲道理的主儿，真的好烦。当你只是想要一个拥抱的时候，他却偏偏跟你讲道理。该如何理解这种无法沟通的情感？

## 2

我们先说一个给孩子洗头的故事。

有位朋友说，有段时间她的女儿很不喜欢洗头。之前给女儿洗头，女儿并没有这么排斥，为什么女儿会变得越来越不爱洗头了呢？

后来她发现，原来是奶奶会征求孩子的意见，比如问孩子要不要洗头。尊重孩子的意愿本来是件很好的事情，但是奶奶的做法却带着虚情假意。

每次，奶奶都会在晚上某个时间点问孩子说，要不要去洗头。

孩子天性都爱玩，不想洗头，更准确地说是不想在她正玩得高兴的时候去洗头。

但是，当孩子回答说不要的时候，奶奶就开始游说孩子，不洗头会脏会臭，不洗头会有细菌，不洗头会容易招蚊子……一大堆的道理，翻来覆去对孩子说，而实际也就是表达一个意思：我叫你洗头的时候，你就要来洗头。

后来，这位朋友和婆婆吵了一架，如果你觉得孩子需要洗头，有必要洗头的话，那么就直接告诉孩子今天需要洗头了，而不是假惺惺地先问问孩子要不要，然后再用一大堆正确的道理让孩子无言以对。

孩子没有办法沟通，因为奶奶说的都是对的。怎么办？她只有服从、消极抵抗、被动攻击，表现出来的形式就是越来越不喜欢洗头。

奶奶并不是真的询问孩子洗头与否的意愿，而是已经设想孩子会主动说要洗头。奶奶并不是在问孩子的意见，而是希望孩子满足她的想法。

很多父母也会用一些正确的道理来逼迫孩子，让孩子走自己认为正确的道路。这样做的好处，可以极大地满足自己的想法和自恋。

3

在亲密关系中，我们也常常在追求“我是对的”这种自恋的想法。

有位心理同行分享过一个案例，说有位女士和丈夫之间的关系十分糟糕，长期冷战，夫妻之间几乎没有任何交流，如果有，基本上也就是吵架了。这位女士一开口和丈夫说话，丈夫就回避她，拒绝任何交流。

因为这位女士对丈夫的收入不满意，长期抱怨对方不上进。当咨询师试图让这位女士看到她的抱怨并不能促进丈夫事业进步的时候，这位女士很有底气地说：可是我说的这些道理都是对的呀，他怎么就可以不听呢？

和过于自恋的人沟通，基本上都会出现这样一种情况：他永远正确有道理，你永远错误耍脾气。

这位女士在她和先生之间筑起了一堵超级自恋的墙，所以他的先生拒绝和她交流。

那位假惺惺问孙女是否洗头的奶奶，也因为自恋，让孩子越来越不喜欢洗头。

所以，那位太爱讲道理的男友看不到女友的情绪，也害怕看到女友的情绪。他怕看到了女友的情绪也搞不定，他怕看到了之后显得自己做得不够好，所以他选择不看，他选择保护自己的自恋不受挫，所以他拿出了一大堆的道理来告诉对方，哪里不好，该怎么做……

## 4

那些总是说正确道理的人，是不自信的。

他们害怕自己会出错，因为出错意味着自己不够好，这会让他们的自恋深受打击。所以，他们需要用一些大道理来伪装自己的真实，增加自己在亲密关系中的自信。

这是一种过度理智化的心理防御机制，可以防御因为自己出错、不好而产生的羞耻和愤怒。

但是这种防御往往令对方陷于一种莫名难受的状态，就如发来邮件的那位女生，常会有股无名怒火，却无处可发。因为男友说的话太过正确，以至于连反击的可能性都没有，不然又会被说成要性子闹情绪。

还有很多讲道理的父母，为了正确，切断了与孩子情感流动的道路。他们在用过度现实化来回避情感。他们眼里只有正确错误，只有事实分析，只有该怎么做不该怎么做，这一切背后的情感都被忽略掉了。

但是，当你越来越有道理，你和伴侣之间、和孩子之间的那堵墙也越来越厚。当你越来越正确的时候，可能你的亲密关系却越来越错误。

人与人之间的交流，更多的是情感，而非道理。

如果你的父母或伴侣常常和你讲正确的道理时，要知道，他们很可能是在回避自己内心的情感，也许他们也害怕，害怕自己做得不好，害怕无法面对你的情绪。

如果你也在亲密关系中常常追求正确的道理，不妨多问问自己，如果是自己错了会怎么样，你害怕的是面对错误，还是面对内心的羞耻和愤怒？

**总是讲道理的男友，可能会逼出一个常闹情绪的女友。**

**总是要正确的父母，可能会教出一个十分错误的孩子。**

别为了正确而切断了情感，更不要害怕面对真实，而把对方置于错误之地。

很多时候，道理在拥抱面前是一文不值的。

## 我最怕的，就是你们太担心我

朋友圈里的一条分享说，儿童游乐场简直可以成为检验父母是否过度焦虑担心的地方。

有些家长时时跟在孩子后面，各种管着叫着控制着，唯独不让孩子自己在游乐场里畅玩。如果看到孩子间稍有肢体接触，便赶紧冲过去……

我们为什么不敢放手，让孩子自由玩耍、让孩子自己解决问题？我们为什么会对孩子如此焦虑和担心？

### *1*

我想起一位朋友的故事。

朋友说他大学毕业的时候，什么也不怕，没有担心找不到工作，没有担心一个人在陌生的城市，唯独担心的，就是怕父母太担心自己。

朋友从小在北方长大，招聘会上被深圳一家企业录用。父母只想让他在当地找份工作，好说歹说，尽管父母不大情愿，但最后也同意了。

然而，临近要走的那段时间，妈妈却时不时跟他说，担心他去了深圳会怎么样，担心他一个人在外面会吃不好，又说南方人很精明，又怕他被人骗，甚至做梦都梦见儿子在喊妈妈……朋友说，当时被老妈弄得有点不知所措了。

朋友说不知道要怎么说才好，也和妈妈说了很多次，自己又不是三岁小孩，懂得照顾自己。不是出去了就不回来，只是去南方的城市工作而已，节假日都会回来。而且他读大学的时候，也不和父母在同一个城市。再说平时也可以打电话发短信、网络视频什么的都很方便。

朋友说他当时的感觉是，妈妈在自己吓自己，然后顺便也吓他，但是听得多了，他也会生气。而且，这气生得很憋屈，虽然内心很不爽，但是妈妈是在关心自己呀，我怎么能够……反正，就是大写的不爽。

2

我们对他人担心，表示他还在我们心里，这样可以让我们之间产生链接，这是爱的表现形式。但是，过度的担心就是病理性的链接。这样的担心不但不能产生爱的链接，反而会让双方产生很多负面情绪。所以我们常常看到的场景是，父母担心子女，子女却一肚子无名火。

心理学家曾奇峰说：一定程度的担心如果饱含爱意的话，那么过度的担心就等于诅咒。

有位妈妈在网上留言，说女儿差不多满三岁，打算送去上幼儿园，但总觉得孩子太内向胆小了。平时在外面遇到不熟悉的人和她讲话，女儿几乎都不会开口回应，别人逗逗她想和她玩，女儿也会躲开，也曾听到周围的亲戚朋友说女儿胆小。

因为女儿的性格问题，她现在很焦虑，甚至有时候会逼女儿多和别人打交道，结果，女儿却越来越胆小。

大部分的父母都不大接受自己的孩子内向，这可以理解。

因为我们对外向赋予了一定的成功意味，外向的孩子更容易融入集体，外向的孩子更招人喜欢……

所以，有些父母看到自己的孩子有些内向，会过度担心和焦虑，甚至会因为孩子的内向而愤怒。这种情况，很可能是父母把自己的想法过多地投射到了孩子身上。

## 3

**投射，是心理学里面常用的概念。它的意思是，你将自己的情感、冲动或愿望归结在另一个人的身上。**

孩子接收到了父母投射的内容，并且认同了，就越来越不敢活出自己真实的样子，而越发变成了父母想象中投射过来的样子。

所以，那位觉得孩子内向的妈妈，越是逼孩子去和别人打交道，孩子反而变得更害怕。

因为妈妈潜意识里面已经设定了一个孩子的形象，这个孩子是内向的，是胆小的，我很担心她的性格，担心她未来的发展。而孩子接收了妈妈的投射，如果要变得更外向的话，就必须先把自己变得更内向，因为只有很内向的样子，才符合妈妈逼她去改造的前提。

## 4

证严法师说：“如果父母常常担心自己的孩子，孩子会没有福气；

因为福气都被父母给担心掉了。”

从心理学上说，就是父母与孩子之间发生了投射性认同。孩子认同了父母的投射，并且越来越变成父母心里想象的样子。

从意识上父母会说，我当然想孩子好呀，但是潜意识里，父母可能会把孩子想得很弱，很糟，很需要帮助。

比如我那位朋友的妈妈，当儿子要去远方的城市工作的时候，妈妈想象得最多的是，儿子吃不好、被骗，甚至哭着喊妈妈。这是有多惨遭遇的想象。

有个倒霉的心理定律，叫墨菲定律，说的是如果你担心某种情况发生，那么它就更有可能发生。比如生活中你担心早上睡过头，结果闹钟没响；你担心上班堵车，恰恰就一路红灯。

这些背后的心理机制，是人的“自我验证”动机。

人都很容易自恋，很容易喜欢上自己的想法，我们总倾向在外界寻找和自我设想一致的信息。因为这样可以增强内心的确定性，消除不确定性带来的不安。

父母对孩子的过度担心，不过是把墨菲定律投射到了孩子身上，顺带满足父母自恋的想法。

## 5

父母过度担心，还可能会对孩子进行过分的保护（控制）。

比如，有一种冷，叫妈妈觉得你冷。为了缓解妈妈的担心焦虑，所以，你得多穿点。

又比如，游乐场里，时时跟在孩子后面，各种管着叫着控制着的父母们。

父母觉得都是为了孩子好，而孩子是不懂的。但父母似乎从来都没有想过，自己的担心是否已经给孩子造成了困扰。即使孩子真的是不懂，过分的保护（控制）又真的能够让孩子从中学会照顾自己吗？

也许，我们过分保护的、过分担心的不是孩子，而是自己曾被禁锢的心灵，是一直未曾自由的玻璃心。

如果，你发现自己正处于过度担心的状态，不妨看看自己的担心是在关心孩子，还是为了满足自己的需要；你对孩子的保护是为了保护他，还是为了缓解自己的焦虑和恐惧，抑或只是为了避免孩子成长的麻烦事。

如果你不确定自己的担心是否影响了孩子，不妨看看孩子的状态，问问孩子的感受；看看是否需要孩子去做些事情，才能安抚自己内心的情绪。如果是的话，请把自己的投射收回来，请让孩子做自己。

如果你的父母正在过度地担心着你，可以尝试告诉他们你的感受，他们的担心让他们自己感到焦虑，你理解他们的焦虑，他们可以继续担心，但你更想收到的，是他们的祝福。

同时，也记得告诉自己，那不过是父母内心的投射游戏，他们可以选择投射，你也可以选择不认同。当你不再承接父母焦虑的时候，其实也对他们发出了一种投射，就是孩子真的长大了。

## 他完全可以做，为何总想依赖我

有位网友看了我的文章《我最怕的，就是你们太担心我》，便发了一条消息问："为什么自己就会认同了父母的投射呢？"

这是个好问题。

就借另一位网友的留言，一起来谈谈这个情况。

这位留言的朋友说，她和丈夫结婚五年，对丈夫的行为模式却越来越无语。她说，刚开始恋爱的时候，觉得丈夫人挺好，虽然有些木讷，但老实可靠。

在逐渐的交往过程中才了解到，丈夫是属于从小被过度保护的那种，被家里照顾得好好的，什么事情都和父母商量，没有什么主见。起初，她也犹豫过，但想着也许结婚了，丈夫就会变得越来越成熟吧。

但是，两人在一起久了，好像这样的关系模式又体现在了他们之间。比如，结婚商量是摆酒还是蜜月旅行，丈夫说都看她的意思。谈到如果摆酒席的话，该请些什么人、选什么酒店诸如此类的问题，丈夫几乎都是差不多的回应，要么你做主，或者问父母。

她说，每次这个时候，都忍不住想撕掉她丈夫，连结婚这么大的事情他都可以这样，更不用说生活上的其他事情了。但很多事情他完全可以自己做的呀，这根本就不是能力问题。

她说自己是个很独立的人，有时候也希望丈夫能够独立些，这样自己不会撑得那么辛苦，即使没有主见的时候有点建议也好呀。

有时候她还会想，当初和这个人在一起的选择是不是错了？但是，毕竟这么多年的感情了，现在好像都变成丈夫的照顾者了，但他又不是没有能力，为何会这样呢？

## 1

投射性认同是精神分析的重要概念之一，最早是由精神分析学家梅兰妮·克莱因提出的，是用来描述婴儿与母亲之间相互作用的一种方式，也是一种原始的防御机制。

**投射性认同是指诱导他人，以一种限定的方式来做出反应模式。**

它和投射有区别，投射是你个人的心理活动，你将自身的想法、感受归结在他人身上。投射性认同则是一个过程。

在这个过程中，你把自己认为的东西投射到别人身上，对方接收到这个信息后，在某种压力下，真的变成了你所认为的那个样子。

比如，当父母反复说孩子的数学成绩不好时，孩子的数学成绩果然越来越差。

到这一步，还没全部完成投射性认同的过程。当你在被你投射的人身上找到你所投射的信息后，你越发地证实了之前投射出来的那些内容是存在的，这就是投射性认同的完成过程。

比如，那个常被父母说数学不好的孩子，当数学成绩真的考差了的时候，父母就证实了他们投射给孩子的内容：看，你的数学就是不行，我早就知道。

可以把投射性认同简单地理解为：A 投射给 B，B 认同了 A 给予的投射，因为 B 的认同，再次让 A 验证了自己对 B 的投射，没错，B 就是这样的。

这就完成了投射性认同的过程。

2

父母和子女之间，常常会玩权力和依赖的投射性认同游戏。

比如文章开头提到的那位丈夫，他玩的就是依赖的投射性认同。

依赖的投射性认同的表现形式是，他常常表现出无助感，传递出的信息是："我不能没有你的帮助，否则你就是不爱我。"所以他会寻求和诱导他人的照顾。

而这种依赖性正是为了配合父母所玩的游戏，因为父母常常会执着于权力的投射性认同。权力意味着控制欲，传递出的信息是："你要听我的，否则你就是不爱我。"这常常会诱导出孩子的无能感。

在生命成长的早期，儿童常常会陷入害怕失去的焦虑之中。

儿童会害怕失去客体的爱，即使能够确认妈妈或其他重要他人就在身边，仍存在着对这些人的爱的不确定感，特别是生命的本能得不到满足时，比如饥饿，就会陷入无助感。

所以，**当父母执着于权力的投射性认同时，孩子就不可避免地发展依赖的投射性认同。**

比如，有的父母对孩子过度照顾，总担心孩子吃不饱穿不暖。看起来是父母无微不至地照料孩子，而潜意识层面，则很可能是父母给孩子投射了过多的担心，这种担心，其实是父母在潜意识层面不相信孩子的能力。

当孩子在潜意识层面接收到了父母的投射的时候，他会怎么办？

第一，不认同父母的投射，继续做自己，这样很好很强大。

第二，孩子可能会想，如果我不认同了会怎么样？不知道，但有一点是清楚的，就是背叛了父母的意思，这样父母是否就会不爱我了呢？

如果我不能很好地照顾自己，那么，我就可以一直得到父母的照顾，同时也意味着可以一直得到父母的爱。这样的话，孩子就满足了父母的自恋的需要，满足了父母权力的需要。

也许孩子在意识层面会很努力地尝试，去满足现实层面父母的期待。但是在潜意识层面，孩子会抑制自我功能的发展去满足父母的需要。因为对于孩子来说，只有满足了父母的需要，自己才是安全的，才不用面对被父母抛弃的危险。

越是对孩子管得多，孩子的自我功能越是难发展起来。

**父母对孩子过多的照料和担心，本身就是对孩子成长的不信任。**孩子在这种不信任的作用下，真的逐渐抑制了自我功能的发展，从而证明了父母的担心是有道理的。

所以我们常常看到一个有趣的画面：有些父母对子女说，“看，我就知道你不行”的时候，他们常常是一脸兴奋，甚至比孩子成功做成了某件事还兴奋。

## 3

很多玩依赖投射性认同游戏的人，会主动把自我功能外包出去，因为这是他和别人取得链接的一种方式，也是他认为的可以获得别人照顾和好感的方式。

文章开头提到的那位丈夫，他从前是在这种互动的模式下成长的，所以，也就学会了把这样的模式带到了亲密关系中。

当你发现对方在和你玩依赖投射性认同时，请管住自己的焦虑，把属于对方的部分归还给对方。

因为有部分焦虑并不一定是你自己的，有可能是对方的，对方习惯于这样的依赖模式，当问题来临的时候，他会发散出紧张和焦虑的感觉，这种感觉会诱惑你去帮助他。

要区分的就是，这件事是属于谁的，这部分内容是属于谁的功课。

事情归事情，情感归情感，情感上给予对方支持和鼓励，管住自己的焦虑与担心，在事情上允许对方犯错，容纳对方的不成熟。

**当你发现自己在玩依赖投射性认同时，不妨试试向对方要点鼓励和支持，情感依然有链接，事情还可以多尝试。只要能够开始收回自己的自我功能，就是成长的开始。**

作为家长也要多留意，看看是否为了满足自己的需要，而剥夺了孩子自我功能的成长。

## 你觉得是在给，其实是在要

我的每段感情里面，我总是付出得太多，慢慢地，对方都变得不再珍惜我了。好烦自己啊，我该怎么办?

我常常会替对方着想很多，会想他工作上是不是遇到了什么麻烦事，我能不能帮他分担些焦虑；他生活上会不会缺点什么日常用品，我能不能给他买点；我买来水果要不要给他送去一些，因为他平时没有吃水果的习惯；逛街看到些好东西，虽然很贵，虽然我收入也不高，但我还是会买下来送给他，因为想着他可能会喜欢。

为什么我付出了那么多，他却好像从来没有感动过?

发消息来的这位网友说，她刚刚又失恋了。

### 1

这让我想起丛飞的故事。

丛飞是一名爱心人士，也是一位著名的歌手。丛飞商业演出频繁，按说本该是生活富裕，但他把几乎所有的工作收入，都拿去捐助失学儿童和残疾人，他参加过 400 多场义演，捐给他人 300 多万。他拼命演出，却耽误了自己的治疗，因病而辞世。

在从飞患病住院后，有家长因为没有及时收到学费，便打电话来“要钱”。在得知从飞住院的消息后，便问“何时病好出来挣钱”。

也有受助者在大学毕业后，便断了和从飞的联系。但在接受媒体采访时，不小心说出了曾受资助的事情，媒体报道后，他要求从飞联系媒体删去他的名字，因为觉得没有面子。

还有受助者认为，从飞的捐助行为是对其另有所图。

那从飞究竟图的是什么？

## 2

布莱克曼在《101 种心理防御》一书中说，这是种心理防御机制，叫**病理性利他。**

“这是投射和与受害者认同之间的一种组合。帮助贫困者使你忽略自己的口欲（依附性）驱力，而它却被投射到了接受者身上。你代理性地享受被照顾的满足感，与此同时，你以剥夺来惩罚你自己，以便缓解因为你的贪婪而产生的内疚感。”

如何理解这段话呢？

简单来说，如果我帮助别人，帮助到了连自己都比别人过得差的地步，这就叫作病理性利他。

其内在的心理动力解释是：

**我把被我帮助的对象看成是虚弱的状态，他在我的眼里是需要帮助和照顾的。但是对方看似虚弱的状态，实际上并不是对方自身的情**

**况，而是我把自己的需要被帮助、被照顾、被关爱的状态投射到了对方的身上，然后我帮助他、照顾他、关爱他。**

当我在给予对方照顾和帮助的时候，我所感受到的，是自己被关爱和滋养了。

所以，我们在照顾或关爱对方的过程中，其实是在让自己享受被别人照顾和关爱的感觉，这是一种拐弯抹角的自己照顾自己。

然而，在拐弯抹角照顾自己的过程中，对别人好，对自己却未必好。

因为，潜意识中，我们觉得自己不配享受，不值得拥有。但我们仍然渴望去享受，想去拥有。于是，当我们有这种渴望的念头的时候，我们会认为自己是不对的，不该有的，不配得到的。然后又对自己有这些“贪婪”的念头和欲望产生内疚，为了缓解自己的内疚，我们宁愿去照顾那些更值得拥有这些东西的人。

于是，我们把自己的渴望投射到了别人的身上。

很多老人追着给孩子喂饭，其实也是这样。逼孩子吃东西，只是这个老人内在的投射，童年时期因为客观原因，经常得不到足够的食物，所以，会把好吃的留给孙辈，好像怎么喂孩子都不够一样。

这也是为什么我们经常看到，很多父母省吃俭用舍不得花钱，对子女或晚辈却出手大方。当你买部好点的手机送给父母，或请父母出去旅游的时候，他们却怪你乱花钱。

你觉得你是在给，其实你是在要。

你对对方的给予，很多时候却是在满足自己的渴望。

## 3

再想象一下，逢年过节你给父母带了礼物，想表达一下你的敬意，回头又被父母说一顿浪费钱，爽不爽？

每次当你的生活质量有了提升，却看到父母依然过得不怎么样，是不是多少会勾起一些内疚感？

如果对方是一个病理性利他主义者，身边的人会有种不可名状的难受。有内疚，也有被控制的感觉。

他们会不断地为我们考虑这样那样，不断地为我们付出这样那样。关键是，他们的付出看起来好像只要我好，而他过得并不好，甚至可能是牺牲了自己的利益。

因为没有在自己的父母身上得到很好的照顾，所以在照顾别人的时候，内心总会带着照顾自己的愿望，尽管不断地给予别人照顾，但是对方感受到的很可能是内疚和控制。

而这样的关系里面，往往会让另一方想要远离。

## 4

**病理性利他的防御机制是怎么产生的？**

**通常是早年成长环境因素导致，比如孩子从小被父母疏于照料，又或是父母的情绪像没有长大的孩子，而孩子则过早地懂事去照顾父母的情绪。**

懂事的孩子，不但要照顾父母的情绪，还要照顾周围人的情绪。只有这样，才能得到父母的关爱。也因为这样，孩子不得不压抑自己的真实情感，不得不压抑自己真实的需求和欲望。

为了不给父母添麻烦，为了还能够得到父母的认可，我们变得害怕自己的需要，同时，也害怕自己的需要得到满足后而带来的强烈的内疚感。

很多朋友都有过类似的体验，小时候和小伙伴外出游玩，希望父母可以支持几元零花钱，父母不肯给。当你非常渴望地说了你的欲望之后，父母却没有理解，也没有解释，也许父母只会告诉你家里很穷，也许父母早已被缠得不耐烦了，最后很不愉快地给了你几元钱。

也许从此以后，你都会觉得自己不配得到花钱的快乐。所以，很多人对金钱有很深的匮乏感，甚至是羞耻感。

每当我们升起欲望和需求的时候，总是忍不住在拷问自己，“你值得吗？你配吗？”

但当我们看到身边的人，看到自己的孩子、伴侣的时候，却忍不住想在他们身上花钱。一位朋友告诉我，他以前单身的时候，出去看到好吃的，总舍不得买，总想着多赚点钱再来享受。当他恋爱的时候，他常常对女友说的口头禅是：“你喜欢吗？喜欢咱们就买！”

**我们在感情中拼命地付出，有时候并不完全是因为爱对方，很有可能是想通过爱对方来爱自己。**

但其实，我们都忘记去问问最重要的自己：我喜欢吗？我想要吗？

如果答案是肯定的，请告诉自己，拥抱自己，你是值得的！

真实地去爱自己，才能真正地去爱别人。

# 第四章
# 尊重情绪，才能尊重边界

## 你是否也变成情绪没有长大的成年人

曾在网络上看到一位女生的“吐槽”，因为手机丢了，女孩很担心手机里面的银行账户、通信资料等泄漏，着急得不得了，于是和男友诉说，希望男友可以安慰一下。

谁知道男友完全没有体会她的心情，而是告诉她，你以后不要丢三落四，下次出门的时候你该怎么做，重要信息该如何备份等等。

女孩说，霎时间就没有了和男友继续说话的欲望。因为女孩的情绪没有被看见，而男友其实很可能是潜意识已感受到了女孩的情绪，体会到了女孩的焦虑，但是他没有办法，他也很焦虑，也不知道自己可以怎么去承接这份焦虑。

所以，他只能用隔离的防御机制，来防御焦虑的情感。再用现实层面的事情来回应女孩情绪层面的感受。

这也是很多伴侣之间争吵的原因。

我们害怕面对自己的情绪，更害怕面对对方的情绪，我们不知道怎样处理，也不知道怎样承接。我们害怕情绪的表达，更害怕表达情绪之后对方的反应。

*1*

相信很多人在孩提时期都遇到过这样的经历，妈妈因为一些小事生爸爸的气，你想去哄妈妈开心，但无论怎样对妈妈说话，妈妈都不理不睬，面色冷硬，让你体验了一把冷暴力。

又或者爸爸妈妈吵架打架，孩子很难受，想发挥自己的自恋去维护家庭关系，谁知道爸爸妈妈分别把你拉进来玩“双打”。

父母之间的矛盾冲突、成年人的情绪，往往有把握不住的时候，一转身就迁怒在孩子身上，让孩子去承接。

大部分成年人的情绪还处于没有长大的阶段，简单来说，就是大多数成年人心理上还是婴儿。所以，一言不合吵个架，爱情小船说翻就能翻，友谊巨轮说沉就能沉。

**每个情绪没有长大的孩子，通常都是因为在成长的过程中本身就没有得到情绪的接纳。**甚至，有人为了自我保护不得不回避自己的真实情绪；为了照顾父母的情绪，不得不建立虚假的稳定感。于是，我们的自我，要么变得僵化，不能自如地表达情感，要么变得像没有长大的父母一样，经常在自己的孩子或伴侣面前崩溃。

*2*

很多父母怕孩子哭，孩子一哭，自己就不知道该怎么办了。

如果我们可以认识到那只是孩子的情绪表达的话，就会允许他哭，允许他有不开心的状态，允许他有难受的状态，在他旁边陪伴着他。等孩子的这种状态结束之后，再向他了解具体发生了什么事情就可以了。

但是，因为我们自己的情绪也没有得到过很好的接纳，我们往往也不允许孩子有情绪。

孩子之所以容易哭，是因为哭是一种情绪表达，孩子在哭泣的过程中，就把很多情绪释放出来了。但是，成年人已经不大会哭了，总认为哭是不好的，是软弱的、羞耻的，甚至哭也要偷偷地找个地方哭，因为担心自己的情绪不能被接纳。

因为父母自己的情绪都没有成长，所以更不知道如何面对孩子的情绪。

不准孩子哭，不准不快乐，不能让孩子去体验自己的情绪，也不能鼓励孩子去表达自己的感受。我们的情绪没有学会成长，但是我们的年龄却慢慢地长大了，越大越被情绪牵着走。

我们因为自己焦虑，所以常常不断地催促孩子快点。

我们因为害怕难过，所以希望孩子在我们面前表现得快乐。

我们因为害怕自己的情绪，所以不让孩子体验和感受真实的情绪流动。

……

也许孩子为了“照顾”父母，会暂时把情绪压下，或只呈现出父母想看到的一面，但压抑的情绪一直在暗流涌动中。

而我们的情绪产生的时候，总是很容易地想要把这些情绪发散出去，好像要把情绪扔给对方，这样自己才能更舒服些。那些不能表达的情绪，我们就压着藏着，但它们还是在那里。所以，总会找其他的方式再释放出来，用被动攻击的方式对付对方，双方的关系就会慢慢变得不再流动了。

当情绪变得不可控，亲密关系也就不流动了。

## 3

我也有过类似的经历，那次因为要在家里完成一些工作，想着可以快点送孩子去学校，但孩子一直在磨蹭，我的情绪就上来了。因为自己带有情绪，所以接下来和孩子的对话让孩子的感受不是那么舒服。

孩子没有表达，但是她比之前更加拖延。当我再次催促女儿的时候，她选择回避我的话题，女儿可能是感受到了我的情绪，她也明显有些情绪，没有和我说话。

我那时大概也觉察到自己当时的情绪不对，后来也就没再催促孩子，没多久，女儿便自己起床了，我陪她刷牙洗脸，然后送她去学校。

我在情绪焦虑的状态之下催促女儿上学，女儿自然不想承接我的焦虑。她会刻意避开，或者她其实也有情绪了，但是孩子不能很好地表述出来，或者孩子还不具备把情绪表述出来的能力时，孩子就会回避，或者用其他的方式，比如用被动攻击（拖延）来回应父母的情绪。

## 4

当我们面对自己或对方的情绪时，可以怎么做呢？

第一，允许情绪和情绪的表达。

这是最简单的一步，却也是很不容易的一步。因为无论是自己的，还是对方的情绪，都会容易互相激起情绪。特别是在养育孩子的过程中，要觉察哪些情绪是孩子的，哪些情绪是自己的。

我们只有学会为自己的情绪埋单，孩子才会在我们身上学会为自己的情绪负责。

第二，给情绪起名字。

情绪不可知的时候，就像是不可控的。当情绪可以被接纳的时候，就可以流畅地表达出来，特别是对于孩子而言，我们可以引导和告诉孩子，他刚刚经历的情绪是什么，是愤怒还是难过，是失落还是开心……

当孩子能够认识自己的情绪的时候，就能知道情绪背后有什么，而这常常也意味着他对别人的情绪也能有觉知，孩子将会分辨出哪些可能是自己的情绪，哪些是父母的情绪，哪些情绪是不用他负责的。**情绪就变成可控的，关系也会变得更流动。**

同样，对于我们这些情绪没长大的成年人而言，在面对自己或是在亲密关系中，也可以用这样的方法去了解和认识自己的情绪，觉察哪些是自己的情绪，哪些是对方的情绪。

关系中的冲突与争吵，不是用来打败彼此的，因为我们都希望对方能够看到我们那份无法表达的感受。

## 别让情绪拉远了亲密关系的距离

前几天，和几位朋友聚会聊天，聊着聊着有位哥们儿就开始诉苦了，说自己很委屈。

受什么委屈了呢？

他说，起因是老婆把热水瓶打碎了。

啥，这不是小事一件吗？新年碎碎平安嘛，挺好的！

那哥们儿说，就是因为他安慰了老婆一句“碎碎平安”，然后他就不平安了。

刚开始，老婆看着一地的玻璃碎片还有些难过的表情，那哥们儿便开始安慰老婆，并且开始收拾地上的碎片，一边收拾一边说没关系什么的。

谁知老婆原本难过的情绪突然变得愤怒，然后开始指责他，为什么要把热水瓶放在这个位置，为什么不放进厨房要放到客厅……一连问了好几个为什么，他说自己当时是一脸的无辜蒙相，最后想想，这热水瓶好像一直就是放在客厅的。

委屈呀！还委屈得莫名其妙，你说这是为什么呢？

## 1

那就借着这位哥们儿不开心的事，再说个笑话，让大伙继续开心一下。

某天晚饭后，妈妈和女儿一块儿洗碗，爸爸则和儿子在客厅里看电视。

突然，厨房里传来盘子打碎的声音，然后一片沉寂。

儿子望着爸爸说：“一定是妈妈打破的！”

爸爸奇怪地问道：“你怎么知道？”

儿子答：“因为她没有骂人。”

这是个笑话，但生活中比这笑话更奇葩的事情还真实而广泛地存在着。

看完这个笑话，再想想自己是否经历过类似的事情。

比如，如果你和妈妈一起洗碗的时候，打碎碗的是你，结果会是怎么样？

再想象一下，假如你是那个和妈妈一起洗碗的女儿，妈妈打碎了碗以后，你又可能会有什么遭遇？

或者，你是否也像文章开头那位朋友一样，想安慰一下对方，谁知道，却被无辜地攻击和指责？

为什么？很可能是因为你的安慰，不小心把对方的心理防御系统打乱了。

## 2

心理防御机制是弗洛伊德提出的心理学名词，是指自我对本我的压抑，这种压抑是自我的一种全然潜意识的自我防御功能。

当自我觉察到了本我的冲动时，就会以预期的方式体验到一定的焦虑，并尝试用一定的策略去阻止它，这个过程就称为**自我的防御**。

当我们因为自己的行为或产生的不好的后果而难受的时候，常常也会对应出现一些心理机制来防御那些难受的感觉，特别是我们无法接受这个行为是因为自己发起的。

一位朋友也曾分享过她类似的家庭故事。

一家人出去逛超市。孩子蹲在玩具区旁边玩。先生从超市入口推着购物车过来，可能没控制好，一下就撞到了孩子的屁股。

其实也没多大事，孩子着迷于玩具，连看都没有看一眼，朋友想着孩子既然没有什么反应，应该也是没有撞疼的。谁知道这时候，先生突然发火开骂："怎么回事呀，蹲在这里玩，占着过道，撞伤了怎么办，你怎么也不管管。"

朋友也是一脸蒙相，根本反应不过来是怎么回事。

孩子没有站在通道中央的位置，而且超市的过道也很宽，可以同时通过两部购物车，何况这根本是个意外，谁也没怪他。这突如其来的一幕，朋友说好久都缓不过来。

朋友说先生平时也不是个脾气暴躁的人，也很爱孩子，实在是搞不懂为什么他那时候会因为一件小事发大火。

## 3

在众多的心理防御机制中，有一种叫**将自我批判转向客体**。

**意思是，当你做错了某件事情，你因此感到了内疚和自责，你对自己的行为和事情产生的后果感到很难受，但是，你没有在现实层面上去检讨自己的行为，相反的，你去指责批评其他的东西和其他人。**

这样就可以理解，为什么那位爱孩子的父亲，因为不小心用购物车撞到了孩子，却反而发火指责妻儿。我这么爱孩子的人，怎么可以不小心撞到孩子？内疚感太强，自己已承接不住，所以转而指责孩子不待在合适的位置玩，指责妻子不看好孩子。

同样的，文章开头提到的那位哥们儿的妻子，很可能也是因为觉得自己打碎了瓶子很自责，自我攻击的能量太多，消化不了之时便转而攻击丈夫。

说到这里的时候，是否会让你想起一些小时候的成长画面？

这也是很多无辜的孩子经常会问的一个问题：为什么我做错了事情，大人就可以说我？为什么大人们做错了事情，死不认错，还要对着孩子吼叫？

很多时候，是成年人为了转移自己内心的内疚感。内疚感太强的话，会严重挫伤自己的自恋。但总得有个说辞吧，所以此刻在身边的人，便是最好的可指责和批评的客体，尤其是那些主动送上门来的人。

## 4

玩笑归玩笑，遇到这种情况怎么办呢？

每个人的心里面都有一套心理防御机制，它有时候可以给我们的内心带来一些好处或帮助，比如维护我们自我的完整性，保护我们的自尊心，不会让自己的心理崩溃。

它有时候也会带来一些现实层面的副作用，比如它在保护我们自尊心的同时，会让我们无法理性地去面对问题，甚至回避或转向，而这往往会在现实中导致和他人产生冲突。

最重要的，要让自己区分哪些是情绪上的事情，哪些是客观的情况。

漫画家几米说过，人与人之间的沟通，70%的是情绪，30%的是内容。

当因为自己行为过失产生不好的结果的时候，请记得先安抚下自己的内心，尤其是小事情上对自己不要那么苛责，一来可以减少自我攻击，二来不至于和旁人起冲突。

如果遇到是对方的过失，对方却因此指责我们的时候，若可以的话，也先从对方的情绪上去考虑。当然，首先要明确知道自己和事情无关，我们可能会因此觉得委屈或有情绪，但要知道，对方指责我们的情绪和语言，很可能只是他们对自己的愤怒。

用之前比较流行的“梗”来说，你刚刚可能对我闹了个“假”的情绪，和我没有半毛钱关系。

红灯停，绿灯行，这是幼儿园的小朋友们都知道的交通规则。那么黄灯呢？

小朋友们会告诉你，黄灯是警告、是暂停。

而成年人可能会焦急地对你说，你还不赶紧踩油门，快冲过去呀！！

希望我们不要因为自己的情绪，而活成了孩子眼里的反面教材。

也希望我们不要因为自己的情绪，而拉远了人与人之间亲密关系的距离。

## 他越是对我不好，我越是离不开他

我收到一位女生的邮件，邮件的开头，她说觉得自己很贱。

她和男友在一起三年多了，但是她过得很不开心。

她说，男友很容易发火，动不动就会骂她，骂得很难听；嫌她做事做得不好，说她蠢，骂她贱，笑她二……被男友说的时候，如果她表现出难过的样子，男友就会更生气。男友发火的时候，还会动手打她。

来例假的时候，男友有需要了也会和她提出性需求，她觉得受不了，但是她不敢说，也不能拒绝。

在一起的时候她很小心，怕挨骂。她不敢和男友说自己的心情，更不敢说男友的不好，因为男友不爱听，烦了就会闹分手，还会说是她先挑起来的。

她明明知道离开这个男人自己可以过得更好，但就是舍不得离开。她说她很爱她的男友，她对男友特别的好，因为男友对她也有好的时候。

她说，虽然曾经下过决心离开，但是自己犯贱又跑了回去，不知该怎么办好。离开了他，不知道能不能遇到更好的，她对未来没有信心，对自己也没有信心，总觉得自己离不开对方。

邮件的最后她问：为什么他对我那么不好，我却离不开他？我是不是很贱？

看完邮件，我为这位女生感到难过。因为邮件里面还有很多详细的描述，比如男友对她打骂的细节，男友对她提出的各种性需求……

## 1

为什么他如此不好，你却离不开他？

我想起了有位社工朋友分享的一次经历。那时候他刚刚接触社工工作不久，这件事情让他印象深刻。

他接待了一位被家暴的女性，但是这位女性的话让他大跌眼镜。这位女士明显有被家暴的经历，但她说，没有流血就不是家暴。

朋友试图告诫这位女士，她目前正遭遇着家庭暴力。但是这位女士不断地辩驳说，这不是家暴，因为根本没有流血，然而这位女士身上，却有着很明显被打过的红肿和瘀青。

当其他工作人员都表示她确实是遭受了家庭暴力时，这位女士情绪变得激烈，并开始对社工人员进行谩骂。

这位朋友说当时实在是不能理解，为什么这位女士会有这样的反应，而且反应如此之大。

2

家暴的受害者们为什么不选择离开所在家庭？难道是还不够痛苦吗？

也许，正是因为太痛苦了，所以她们会选择性地看不到。

**否认，是大脑具有的不对现实状况进行注意的一种心理防御。它借着扭曲个体在创伤情境下的想法、情感及感觉来逃避心理上的痛苦，或将不愉快的事件“否认”，当作它根本没有发生，来获取心理上暂时的安慰。**

只有这样，才能保护内心，让内心不用承受和现实一般残酷的痛苦。

只有这样，才能让自己选择忘记或忽略现实的创伤，让受到伤害的自己可以继续生活下去。

3

人，都存在于依恋的关系中。

婴儿出生，依恋就开始存在。我们在婴儿时期极其脆弱，必须依靠他人才能存活下来，这是一种对死亡的恐惧。

被父母抛弃或忽视，对孩子而言无异于死亡。但是，孩子可能不知道这叫作忽视，孩子应对的方式就是把责任归咎于自身，通过责罚自己来维持这份关系，因为他没有别的选择，外部找不到答案，只好归因自身；因为不知道下一刻会怎么样，更难以相信下一段关系会怎么样，只能努力地表现和讨好，努力地让自己不被忽视和抛弃。

就像发来邮件的那位女生说，不知道能不能遇到更好的，她对未来没有信心，对自己也没有信心。所以，她能看见的最好的选择，就是维持现在的这段关系，哪怕这段关系是如此的不堪。因为她无法忍受关系破裂之后的那种无异于死亡带来的恐惧感。

这种感觉，有点像斯德哥尔摩综合征的案件中那些对劫匪产生的情感和依赖。

斯德哥尔摩综合征又称为人质情结，是指被害者对加害者产生的情感，甚至被解救后还想反过来帮助加害者的一种情结。

因为被劫持之后，人们往往会做出无意识的决定，就是对自己遭遇的侵犯视而不见，甚至与绑匪交好。人们会忘掉遭受过的侵犯，因为此刻保护他们之间的关系显得更重要。抗争也许会遭到更难受的虐待，而与绑匪交好，更像是一种生存策略。

## 4

情感的生存也需要策略。

在依恋的情感中，很多人害怕依恋关系的丧失，以至于让自己毫无底线地退让，甚至完全依附于对方。

很多男女朋友在关系中出现了难过、伤心、愤怒……而他们为了维护这段关系，不得不生吞了这些负面情绪。之所以这样，是因为害怕自己的情绪危害到情感的生存。在依恋的关系中，有时候自己就像退行成了一个嗷嗷待哺的婴儿，需要情感的滋养。

于是，我们对对方的依恋，不仅是一种心理上的防御，也像是让自己情感得以生存的策略。

所以，那位女生在这样的恋爱关系中活得如此卑微。

所以，那位被家暴的女士会告诉社工没有流血就不算家暴。

也许，她们都清楚地知道对方不好，但是她们已经习惯于把一切归结于自己，习惯于自责，她们害怕这份关系的破裂，更害怕关系破裂后体验到死一般的孤独和恐惧。

因为，坏的关系也好过没有关系。

## 5

但是这样的关系，无异于饮鸩止渴。

我们无视了生命中的伤害，甚至一次次地让它击垮了内心的安全感，以获得一时的相对而言的幸福感。

**儿时的伤害无法避免，但是成年以后，如果别人用不好的态度持续地对待你，那很有可能是被你允许的。**就像马戏团里被训练的大象，小时候被铁丝拴住无法挣脱，等到长大了具备了挣脱的力量，却仍然认为自己无能为力。

我们束缚了自己的灵魂，并把绳索交给别人，甚至以为这就是自己存在的方式。

**过去已无法改变，过好现在才是救赎。**

真相，往往让人难以接受。真相，却能让你看到真实。

依赖的背后，是害怕被抛弃。健康的关系中，你可以依赖，也可以独立，但在不健康的关系中，你似乎永远处于依赖的位置上，这就等于把自己无时无刻地交给了对方。

这样不但是对自己的不信任，也是导致关系失衡的重要原因。改变的开始就是重新认识自己，好好地照顾自己，重新建立对自我的信任感。

克里希纳穆提说，感受是我与其他事物建立关系时那一刹那的产物。

关系就像一面镜子，可以照亮自己的感受，每一种关系都很重要，不要把自己的全部重心投入到一段关系中。**人需要依恋关系，但不需要为此伤害自己。**看到伤害，重新审视你在这段关系中的依赖。远离那些伤害你的人，才有利于建立新的良性的依恋关系。

有时候，你曾以为的最好的选择，再回过头去看时，就像是在地狱中漫步。

你生而有翼，别再为他爬行。

## 明明恨他，为何对他反而更好

他为什么那么讨厌那份工作，却又像工作狂一般地去做工作？

这是一个朋友的疑惑。她说最近丈夫和她的话题都是关于丈夫对工作的抱怨。丈夫在一所重点中学担任年级组长，近期因为要参加市里的评级，工作任务比平时更繁重了。

她说可以理解丈夫的工作压力，但难以理解的是，为什么丈夫如此抱怨自己的工作，但工作起来，又好像对这份事业有无比的热爱？

更让她困惑的是，最近丈夫还对她上班迟到的现象很不满意。朋友说，若两人是同一个单位上班还好理解，但他们的工作并不在一起。她先生每天都会早早地去学校，而她则习惯踩着点去上班，只要不迟到就可以了。

平时上班，两人差不多都是一起出门，先生开车送她一段路的。这段时间，似乎是为了表示对先生的不满，她经常会出现拖延和迟到。迟到并不是她本意，但越拖越开心，最后总是先生等不了，就怒气冲冲地先开车走了。

这位朋友说，以前和丈夫间没有出现过这种情况，是不是因为丈夫最近的工作压力太大了呢？我该如何去理解他呢？

## 1

那该怎么理解呢？

先说说我在微博上看到的一位网友分享的故事。

网友 @ 魂幽女倩说，小时候有次出门，路过别人家门口，那家人养的狗冲了出来咬了自己的腿，当时可是吓得惊慌失措，回家后父母虽然带她去打了狂犬疫苗，其间却一直训斥她为什么要自己一个人走在前面。

更料想不到的是，当天晚上父母还带了礼物给养狗的那家人送去。后来听父母聊天还说起，不让养狗的人承担疫苗费用。反正养狗的人肯定是蒙的，为啥我的狗咬了人，我还收到礼物，还不用出医药费?! 这确定不是孩子把人家的狗咬了吗？

这又是什么神逻辑呢？

弗洛伊德说，越是被禁忌的东西就越是可能被需要的。当我们有意压制某些东西的时候，有可能就是反向形成。

什么是反向形成？

**反向形成（reaction formation）：把无意识之中不能被接受的欲望和冲动转化为意识中的相反行为。**

心理学家曾奇峰说，一切过分的情感都可能是反向形成的表现。

我们有意去强调什么的时候，就恰好证明人性中可能有相反的东西存在。如果一个人表达的内容超过了正常的幅度和尺寸，很有可能是在掩饰跟他所表达的相反的内容。

最简单的例子，莫过于青春期的少男少女们，男生明明喜欢上了某位女生，却害怕自己对女生的情感，也不敢表达。所以，这位男生会经常用欺负、攻击的方式来表达他对这位女生的情感，而他的方式和他内心的情感体验是完全相反的。

这样我们就可以理解，那位被狗咬的网友的父母为什么会这么做了。他们在用反向形成来压制自己内心的情感。

他们惧怕内在的愤怒情感，但是这种愤怒的感觉不能表现出来，因为表现出来可能会让对方受伤害，甚至他们觉得动了愤怒的念头都已经攻击了对方，让对方受到伤害了。所以他们需要压抑自己的攻击性，压制自己的情感。

## 2

为什么要用反向形成呢？

《心灵的面具：101 种心理防御机制》里面提到一个反向形成的例子。

一个男人以嬉笑的方式描绘了一段他童年时期的经历，那是关于他的母亲拿着长绳追着他打，对他的身体施虐的情景。他对母亲是有愤怒的，而随后他又为自己的愤怒感到愧疚，因为他知道，母亲很努力地抚养他长大，他对母亲感觉到的应该是爱而不是愤怒。

由于愤怒和愧疚之间的情感冲突，他建立了好几种防御机制，这些防御机制帮他防御了内心对母亲的愤怒，同时减轻了内心愤怒和愧疚之间的冲突。

其中就有反向形成，他将对母亲的真实情感转向了反面的方式进行表达，他是那么地爱妈妈，以至于都无法说出自己的愤怒。过度表达的爱，实际上是为了掩饰内心的仇恨。

在精神分析中有种说法，当本我的欲念不被超我许可时，往往会本能地将其转化成强烈的反向作用，以获得超我的允许，同时减轻和消除自我的压力与威胁。这是保护自己内心不受伤的一种心理防御机制。

## 3

一般来说，反向形成的心理防御机制最初都是在家庭成长环境中形成的，通常还会伴随着情感隔离、压抑等等防御机制。

当我们还是孩子的时候，如果得不到照料和回应，长期处于孤独的状态，面临着家庭的各种矛盾和暴力、父母带给我们的创伤等等。这会导致我们害怕痛苦，希望逃离痛苦。作为一个孩子，要独自面对痛苦是困难的，更不要说去化解这些痛苦了。而通常能够给孩子支持和帮助的父母，这时候又是孩子痛苦的根源，孩子别无选择。

所以，我们学会了压抑那些愤怒，隔离那些痛苦，转向那些情感。因为只有这样，才能让自己好过一些。

**如果一个人不能直接对别人表达自己的愤怒，而是绕着弯去对对方表达自己的攻击，在心理学上有个术语叫被动攻击，常被比喻为“隐形攻击”。**

例如，无法拒绝别人的请求，所以在做事情的时候就拖延或者故意把这件事情搞砸；父母催促孩子快点的时候，孩子一定会出现各种状况变得更慢，然后把父母激得暴跳如雷。

如果不能恨，就不会有真正的爱；如果不能拒绝，就不会有真正的亲密。能否觉知自己的愤怒，能否合理地表达出自己的愤怒，是心理健康的一个重要标准。美国心理学家托马斯在其著作《灵魂的黑夜》中描述：当人们清楚明白地表达出愤怒的情感时，它就能为一个人和一种关系做出很大贡献。

## 4

同样的，在家庭关系里面，父母与孩子互为表里。

有些父母会觉得自己的孩子太内向了，他们常常会在孩子或他人面前表达，希望孩子可以大胆一些、外向一些就好了，通常情况下，这个孩子几乎都不会太外向，至少在父母身边生活的这几年不会。

当父母和孩子说这句话的时候，可能父母内心未必觉得他们的孩子是可以更外向的，或者父母自己早年也不是特别外向，所以他们会要求孩子外向，把内向的自己投射到了孩子身上，认为孩子也是不够外向，而内向是不好的，所以要努力把孩子从不好的状态带出来。

父母对孩子的反向形成的这种做法，表面上看是父母希望孩子外向，实质上是在催眠让孩子更内向些，孩子则很容易接受到来自父母潜意识的暗示。就像是对父母表示忠诚一样，他毫不犹豫地在父母的身边内向了。

在家庭中，或是父母与孩子，或是夫妻之间，常会受到对方潜意识的感召，在代表着另一方去做他们没有做、不敢做的事情和潜意识的想法。

说到这里，就可以理解前文提到的那位女性朋友，为什么丈夫在讨厌的工作环境下变成工作狂人之后，她总是不经意地要迟到了。她在代替先生迟到，间接地帮助先生去发泄对工作的不满，因为先生不能直接表达对工作的愤怒，转而表现为对工作的极度热情，然而潜意识对工作环境的感受，却被妻子感受到了，所以妻子帮他表达了。

我们总是可以在孩子或是伴侣身上，去察觉到我们内在的另一部分，那可能是我们一直试图去压抑或者不愿意呈现的潜意识。

反向形成没有对错，它只是一种表达，是本我与超我的协商，是**我们成长历程中逐渐形成的防御机制。它曾保护过我们，也可能会给我们带来一些阻碍，它是我们生命的一部分，认识它，觉察它，让它在生命中流动，活出我们的对立面，我们会看到不一样的自己。**

## 明明对他愤怒，为何自我攻击

网络上有个流行的段子：我跟你说，别逼我发火，我发起火来连自己都打！

听起来还挺搞笑的，也带着一点心疼。

有位网友发来留言说，自己心情不好的时候，经常会抽自己两耳光。五一假期回了一趟老家，因为某些话题和父母之间产生了矛盾，心情十分郁闷。冲突后她独自在房里忍不住扇自己耳光，很用力地打自己，最后还是忍不住崩溃大哭。

过后又觉得很害怕，为什么自己情绪上来的时候会变成这样？为什么会自己打自己？这到底怎么回事？

### 1

有位“90后”小伙子，在旅馆里试图自杀，被旅馆保安发现后报警救了回来。小伙子说，待在家里的时候，一天到晚都被家里人说教，心都死了。他爸爸对他说得最多的一句话就是：“你活在这世上有什么用！”

因为中学毕业之后，他就一直待在家，没有工作，也没有收入。家里人总是说他不争气，看不起他，他出来找工作又被骗。

小伙子在讲述他的经历的时候，不断重复地说：“我没有用，我没有出息……”他一直在数落自己的不是，数落到连办案民警都看不过上去宽慰他，民警说他的自我攻击太厉害了。

很明显，他对父亲是有愤怒的，但为什么他却愤怒地攻击自己，甚至选择自杀呢？

有种心理防御机制，叫**“转向自身”**。

它的含义是：**不喜欢自己对其他人感觉到暴烈的愤怒。取而代之，他们把愤怒发泄在自己身上。**

这是一种不成熟的心理机制，简单来说，就是把攻击性转向自身。

## 2

抑郁，在心理动力学的解释就是攻击转向了自身。它以毁灭自己的方式，传递着对外界的怨恨。

自杀，就是自我攻击的最高形式。

对外攻击的冲动没有指向客体，而是指向了自身。在极端的状况下，它会导致自杀行为。

因为这个防御机制始终在提醒自己：你要做个好人，你如果攻击了别人就不好了。

当我们对别人有愤怒的时候，又不能让这种对别人有愤怒的感觉出现，因为这种想法和感觉是“不好的”，所以把攻击冲动的对象变成了自己。

这种感觉就好像是内在分裂出了两个部分，其中一部分去攻击另一部分。因为“都是你的错”。

所有父母伤害孩子的言语中，这句话或者类似的话，对于孩子来说，几乎是毁灭性的武器。人都有自恋，孩子又对此极其敏感。孩子会认为一切都是自己带来的，一切美好的、毁灭性的都是因为自己的影响而出现的。

孩子对养育者愤怒的情绪无力表达或宣泄。当对外界的不满怨愤却又无力改变时，就必须用合理化的心理机制来看待父母的言行。

于是，一部分自我被分裂出来，向父母认同：都是我的错，都是我不好，你们才不喜欢我；另一部分，就成了被攻击的对象：把原本对父母的怨恨转为对自己的愤怒，然后狠狠地自我攻击。

3

有个心理咨询的故事：

有个小男孩对自己尿床感到非常痛苦，于是去找心理咨询，咨询结束后他兴高采烈地出来了。

家人问：医生把你的尿床治好了吗？

他说：没有！

家人又问：那你高兴什么？

男孩说：医生让我懂得，这不是问题。

因为医生让男孩觉知到，尿床不是错，更不是自己不好，所以他也就无须自我攻击了。

如果你看到孩子有类似打自己的行为，不妨多留意一下，是否是自己堵住了孩子情绪的出口。幼小的孩子无法很好地表达自己的情绪，他们必须依靠成年人，他们需要在成年人身边学习。

但如果孩子的成长长期处于被父母压制的环境下，他不可能有自由抒发情绪的时候。不被允许的愤怒，无法宣泄的情绪，只会让孩子学会用不成熟的心理机制，来防御无法接受的外界伤痛。

所以很多孩子即使长大了，在面对人际关系，特别是亲密关系的时候，一有问题就自怼。

就好比那位发来消息的网友一样，独自在房间扇自己耳光。如果自我攻击太厉害的话，就很可能会像那位在旅馆自杀的小伙子一样。他们都在用这种攻击转向自身的防御机制，像儿时经历痛苦一样保护着自己，因为这样就不必面对来自现实产生的痛苦。

但同样的，这种不成熟的防御机制也让自己攻击了自己。

## 4

如果你正在一面愤怒地责备着自己，又一面狠狠地惩罚自己的无能，要知道，这只是你曾经受到的对待，并不完全是因为你不好，并不完全是你的责任，自己不需要、也不必为他人的错误继续埋单。

也许你已经习惯了用攻击转向自身来防御内心的愤怒，但你仍然可以学习一些合理的情绪表达方式。

对于别人的情绪，可以尝试表达自己的感受，也可以怼回去。别把对别人的愤怒，用来自怼攻击自己。

会发脾气也是一种能力，即使不能怼，也可以用运动、倾诉、对着大海森林把情绪释放出来。

这种行为模式并没有对错之分，它所防御的是小时候的你无力面对外界的糟糕的感觉。但是你现在长大了，也许你可以尝试着不使用它。

它是一种不成熟的防御机制，但不代表你会永远停留在过去。

轻抚曾经受过的伤，即使疼痛也不要停止成长，唯有如此，你的生命才会有曙光。

# 凭什么你做不好却指责我

“我就想不明白，为什么老公什么事情都不做还无端指责我，指责我的时候还理直气壮的，总是鸡蛋里面挑骨头。我该怎么办？”一位朋友在我的微信公众号发来消息说。

她和老公结婚四年，平日里也没有什么大问题，但总有些小摩擦。她说最大的问题就是，老公总是喜欢鸡蛋里面挑骨头。

前些日子，孩子跟爷爷奶奶回了老家住。晚上，她就在微信上和孩子视频聊聊天，不至于让孩子一天都见不到妈妈。

那天，她点开微信视频刚想着和孩子聊几句，躺在沙发上玩《王者荣耀》的丈夫忽然发飙了：“都这么晚了还聊什么！怎么还不睡觉?！小孩子这么晚睡影响身体发育怎么办？”

这位朋友说当时感觉蒙了一下，还以为老公在《王者荣耀》里面又被打死了。

再看看老公，游戏玩得好好的，瞄都没有瞄她一眼。

这时候，孩子那边的视频接通了，她就只好先和孩子说会儿话，但是郁闷的心情还堵在胸口。等视频结束后，她想和老公谈谈，结果老公反而抱怨她，说她不早点让孩子睡觉，这样会影响孩子长身体。

这位朋友觉得老公有点无理取闹，他单独带孩子的时候不但不能早睡，自己还整天玩游戏。他带不好孩子不说，现在还对她鸡蛋里挑骨头，关键是，他指责抱怨起来还理直气壮，头头是道的。

这是怎么回事呢？凭什么你做不好却还指责我？

1

在精神分析理论中，有个心理防御机制叫“投射性指责”。

**投射性指责是指，你对某件让人苦恼的事情负有责任，但是，你通过指责其他人而不必让自己感到不负责或疏忽。**

这一防御机制常常是通过转移视线，试图把黑锅放在他人身上，或者是把本该自己承担的责任投射到别人身上。

于是，我们对自己某件事情、某些方面不满的情绪，就借此投射到了别人身上，然后对对方进行加倍的指责和惩罚。

心理学家布莱克曼说：“人们用心理防御来把不愉快的感受拒绝在意识之外，防御机制的运作范畴，可以从无害地练习用幽默来掩饰紧张感，到破坏性地攻击一个当前爱的人。”

“投射性指责”作为一种防御机制，它在防御些什么？

中国有句成语，叫贼喊捉贼，就是有意制造混乱，转移目标，避免被抓住受到惩罚。

而防御机制常常是无意识的，“投射性指责”就是在防御被指责。

防御超我对自我的指责和惩罚，而超我的指责和惩罚会给自我带来焦虑和内疚。

比如文章开头留言的那位朋友，她的老公会觉得孩子应该要早点睡觉，太晚睡觉会影响身体发育。他清楚这些问题，但是自己也做不到，如那位女士所说，丈夫平时带孩子都不能早睡，他自己经常玩游戏。

所以，他对自己的行为可能会感到焦虑和内疚。这些是自己的责任，也是自己没有做好的地方，由此而产生的感受也是很难受的。

如果把这些内疚焦虑难受的东西投射到别人身上，比如投射到老婆身上，变成是老婆的问题。如果是老婆做得不够好的话，就没自己什么事了，那自己就舒服了，就不会为自己没照顾好孩子而感到内疚了。所以指责起妻子来就理直气壮了。

## 2

心灵励志畅销书作家张德芬老师在她的文章里说了几个和儿女之间发生的故事。

有一次，她因为儿子动作慢，数落了儿子上学磨蹭。

结果她听到儿子大声叱责妹妹，让妹妹赶快出门，而且语气充满了不耐烦和怒气。

这时候，她才忽然觉察到，儿子的行为好像就是拜她为师所学来的，只不过把指责的对象转到了比他小的妹妹身上。

她觉察到，自己不过是利用了母亲的身份作掩护，把自己的负面情绪投射到了孩子的身上。

以前，她很重视孩子的睡眠，规定孩子要按时上床睡觉。因为她觉得孩子睡不够就容易生病。而每次看到儿子很晚都还不去睡觉的时候，就会抓狂，甚至叱责儿子。

张德芬老师说：**我们对孩子的抱怨，其实都是对自己的不满。**指责孩子，不过是为了满足自己是个好妈妈的需要，美其名曰“对他好”，却不经意间伤害了孩子。

## 3

“投射性指责”是因为你自己的问题而不公正地指责他人。所以有一个特点，既然是不公正的，指责的时候就会加大一倍的剂量。

所以，文章开头提到的那位丈夫，当他把对自己的不满投射到妻子身上的时候，他对妻子的指责也会变得加倍了。

夫妻双方都有照顾好孩子的责任，丈夫在指责妻子的同时，把对自己的那部分不满也加到妻子身上，所以相应的指责也增加了。

“投射性指责”这种防御机制常常会在家庭中出现，比如伴侣之间、父母子女之间。

相信很多人都有过类似的经历，对方拿错了东西或忘记带什么东西的时候，他不是觉察自己的问题，不是反思自己没做好，而是反过来对你说，你怎么不提醒我。似乎他的错误并不是最重要的问题，你不提醒他反而是问题的关键了。

每个人在成长的过程中都会发展出一系列的防御机制来保护自己。这些都是在潜意识层面发生的事情，意识层面上，可能自己也不知道为什么会这么做。

所以，当你因为某件事非常严厉地指责对方的时候，需要觉察一下，你是否是为了摆脱自己的焦虑和难受。

当你面对对方的“投射性指责”的时候，要知道，对方的敌意和攻击，有时候未必是针对你，可能是针对他自己。他只是想通过让你难受来感受他所害怕的难受。

敌意容易激起敌意，莫不如轻轻一笑告诉自己，谁的情绪谁负责。

## 别再拯救别人的情绪了

生活中，有不少人一直在扮演着拯救者的角色。

有一位朋友说，他曾经特别有责任感，在生活中会不自觉地承担很多东西。他承受不了，但是又放不下来。他总是忍不住去承担别人的责任，承接别人的情绪。明明知道这么做会让自己难受，但就是控制不住，因为一看到对方的情绪，自己就好像条件反射一样地去承接过来。

这位朋友说，小时候经常看到父母吵架、打架、闹离婚。每一次他都很难过无助，每一次他都认为自己是不是做错了什么。他曾经当着父母的面大声地哭喊着："可不可以不要吵了，都是我的错，都当作是我的错了，好不好！"

然而并没有什么用。最后，爸爸摔门离去，妈妈抱头痛哭。作为孩子，他只能去抱慰妈妈。至少，这可以让妈妈得到安慰。

每一个在长期争吵不断的家庭里长大的孩子，都曾试图去做个拯救者，想拯救父母间糟糕的关系，想拯救争吵不断的家庭，想努力改变爸爸妈妈的关系。

父母长期争吵，家庭关系恶劣，会影响到孩子的责任感。孩子会自恋地认为周围的一切都是因为自己而发生的，而自己应该为这发生的一切来负责，而且能够负责，能够完成好。

## 1

很多成年人在小的时候可能都有过类似的体验——当父母吵架的时候，作为孩子，都是希望爸爸妈妈不要吵，有的甚至会说，把所有的错误罪责都归于自己，只希望父母不要吵架。

如果这一招不管用的话，孩子甚至会通过让自己受点伤、生点病，来吸引父母的注意力，在一定程度上影响父母的情绪，使得吵架的双方不得不因此而停战。孩子自恋地认为，他可以拯救爸爸妈妈的关系，至少，他能拯救父母的情绪。

当孩子一直处于这样的拯救情结之中，他会变得容易过度承担他人的责任。

想要拯救父母的婚姻，如果不能够做到的话，就会产生内疚感，甚至做更多的事情，尽其所能地表现自己，希望能够让父母开心一点，更开心一点。内疚成了自己的动力，内疚让他放不下拯救的责任。

如果父母能够分清边界，告诉孩子，这是父母之间的事情，和他没关系，孩子尽管难受，但是会卸下心里沉重的包袱。

但是很多家庭的边界常常是不清晰的，爸爸妈妈之间的争吵，永远是让孩子背负情绪。孩子便定型在了拯救者的位置上。慢慢地，这也变成了孩子的人格模式。

生命最初的关系，就是孩子和父母之间的关系，我们的自我、人格的形成，就是在和妈妈（或者其他重要的养育者）之间的互动关系中形成的，这些关系模式构成了我们的人格。

## 2

国外有个很出名的实验叫Still Face，测试婴儿对情绪与表情的敏感。

在视频的前半段里，我们可以看到一个愉悦的婴儿，正在享受与妈妈之间的互动，孩子发出动作，妈妈开心愉悦地呼应。每次当妈妈回应孩子的时候，孩子面露笑容、开心满足。这个过程中，妈妈始终都在呼应着孩子，围绕着孩子的感觉，围绕着孩子发出的信号。而孩子会觉得，自己是好的，有价值感的。他在妈妈的眼中看到了自己。

在视频的后半段里，妈妈调整了一下，再转过脸来的时候面无表情。孩子不知道发生了什么事情，吓得缓不过神来。然后，孩子想试着用之前和妈妈互动的方式来呼叫妈妈。但是没有效果，停顿一阵子后，他使用了讨好、表演、大叫等方式，但都无效，最后孩子伤心痛哭。

孩子和妈妈的关系中，有一个非常重要的关系：是孩子围着妈妈的感觉转，去和妈妈建立关系；还是妈妈围绕孩子的感觉，和孩子建立关系。

当孩子用各种方式去呼叫妈妈的时候，他的焦点都放在妈妈身上，他失去了自己。

这个实验不到两分钟时间，孩子已经哭得不成样了，因为对于孩子来说，妈妈的情绪就是他的世界，而现在，他的世界崩塌了。

当孩子的感受不被妈妈看见时，孩子为了维持关系，会围着妈妈的感觉转，然而就会失去自我。

我们的感受不被看到，这种感觉太可怕了。所以我们会形成各种各样的保护层，发展出各种策略切掉真实的感受。

而拯救者的模式，就成了一直围绕着他人的情绪而工作。

当妈妈出现愤怒、焦虑的时候，孩子会感觉到恐惧、害怕。孩子会开始想办法围着妈妈的情绪绕圈圈，孩子会自恋地以为可以帮助妈妈承接住那些情绪。

我们为别人的情绪去埋单的第一课，就是在这里学会的。然后由此慢慢发展，把这些沉重的责任感扩大到了生活的方方面面之中，迎合、讨回、承接别人的情绪和感受。

## 3

每个人都会有处理不了自己情绪的时候，父母也不例外。那当父母因为吵架或者是因为自己的情绪影响了孩子后，该如何弥补对孩子造成的伤害呢？

第一，向孩子道歉，告诉孩子他没有错，父母之间的争吵和他没有关系。

第二，告诉孩子哪些是自己的情绪，父母需要为自己的情绪负责，孩子不需要去为父母承担这部分情绪。

父母负起自己的责任，孩子才能学会放下不属于自己的包袱。

而对于已经长大的“孩子”，放下包袱并不容易。因为这是我们一直存在的模式，甚至可以说，这是我们存在感的一部分。

承担他人的责任，承接别人的情绪，地道的拯救者的角色，如果突然放下这个角色，我们会是谁？这种感觉很容易让我们觉得，好像失去了存在感。

如何走出拯救者的角色？去觉知情绪背后的动力。

当你忍不住想要去承接别人的情绪的时候，当你忍不住想要去为别人的情绪负责的时候，去看看自己的心理动力是从哪里来的，是真的想要帮助别人，还是因为害怕出现冲突。

当你可以把无意识的动力用意识层面的话语说出来的时候，至少知道自己在扮演什么样的角色，这个角色是因为什么需要而扮演。观照自己的内心，就不会那么容易被无意识的动力控制去承接别人的情绪了。

去看到曾经受伤的自己，如同拯救者般，去承接了爸爸妈妈的情绪。

去看到那时候争吵不休的父母，他们的内在其实也是个受伤的小孩。

父母在彼此的指责抱怨争吵后，却让还是孩子的你来满足他们内在无法弥补的创伤和匮乏。但是你没有责任，也没有能力去承接他们的痛苦，把属于他们的还给他们，找到你自己，才能发自内心地去爱。

你已经长大了，你有能力让自己过得更好！

## 不要破坏孩子自我的心理边界

“二孩政策全面放开后，你们身边有没有一些不想生第二胎，却被逼着生的？”

我的一位同学，夫妻双方都是当地公务员，有车有房，有个四岁多的女儿，小家庭也是过得有滋有味。因为夫妻俩都是非独生子女，以前没有二孩指标，当二孩政策全面放开后，小两口就被逼着要再生个孩子，说白了，是双方家长逼着他们再生个儿子。

夫妻俩对目前的生活状态很满意，目前暂时还不想要第二胎，况且，好不容易等到女儿可以去幼儿园了，夫妻俩也想多点二人世界和个人空间。结果二孩政策一下来，双方家庭的老人就下了指令，“这可是全家人的事情，趁着年轻，你们赶紧再生个孩子。”

怎么样，上升到了全家人的事情的高度上来了。如果是你，你会怎么回应？

我这位同学用了一句话，既温柔又坚定地破解了父母们的劝说。

“既然是全家人的事情，那就全家人一起来努力吧！”这句话把

“全家人的事情”这个谎言戳破了。因为，别人再怎么说也得他们俩来，那就不是全家人努力了。既然不是全家人努力的活，那也就不是全家人的事了。

尽管双方家庭的老人们还会再来劝说他们，但我这位同学对父母们的回应，告诉了他们一个很重要的信息，就是界限。

1

很多家庭界限难以建立，因为不少人没有界限意识，而我们又都习惯了那些糨糊逻辑。

我们在错误的时候教育孩子要大方、要分享，其实却让孩子不懂得尊重自己的边界，甚至教会了孩子不去尊重他人的界限。

一位朋友发消息来诉苦，他的孩子现在快三岁了，不懂得与人分享，甚至觉得孩子还有点强迫症的感觉。

他说：“无论是什么东西，都要放到孩子所期望的位置上，如果别人动了，孩子就会很不爽。这是不是强迫症？还有就是，我该怎么样才能让她去分享呢？我买给她的东西我都不能碰……”

可能很多父母都会遇到这样的问题。

但需要注意的是，孩子在这个时间段，很可能正处于自我边界感形成的过程之中。也许，他看起来会有些敏感，甚至有些强迫症的表现。其实是孩子的内在世界的自我正在建构，这个内在世界和我们的国土疆界一样，是有边界的。

这是心理的边界，它能够促使孩子在内心世界里面形成一种规则和自我的意识。孩子的成长过程就是一个自我建构的过程。

## 2

最初，儿童是通过占有属于自己的东西来区分自己的和别人的。

只有当孩子可以拥有了自己的东西，而且这个东西是完全属于他的，孩子对这件物品拥有绝对的控制权、所有权的时候，孩子才能够感觉到“我”的存在，这就是自我的延伸。

婴儿的心理是你我不分的（即婴儿和妈妈是一体的），整个世界都浑然一体，且婴儿觉得——我是绝对的世界中心，万事万物都围绕着我而运转。

在二孩政策放开以来，就有很多关于如何让老大接纳弟弟妹妹到来的讨论。曾经在微博上看到过一则新闻，一个男孩不想妈妈生第二胎，对妈妈边哭边控诉，说要是父母敢生第二胎，他就去死。

这就是还处于婴儿时期的原始嫉妒阶段。对婴儿来说，妈妈是我的世界，妈妈的爱也只能是我一个人的，我要得到妈妈所有的爱，不能和将要出生的弟弟妹妹分享。

倘若妈妈的爱从未被满足，从未真正得到的话，孩子就会忽略了爱的意义，专注于要得到妈妈爱他的表现。于是，孩子会觉得如果妈妈生第二胎，就不爱他了，而弟弟妹妹则是来掠夺妈妈对他的爱的。

爱，从来都是从独占发展到分享的。

## 3

然而成年人常常会对此感到不解，甚至习惯性地把孩子的这些行为解释为自私的表现。

比如前文这位朋友所说，即使是他买给孩子的东西，孩子也不允许他动。看得出，这位朋友为此事很苦恼，而且他还很想了解如何能够教会孩子与别人分享。

我们买了玩具，无论是买给孩子的还是送给孩子的，最后到了孩子的手上，就是属于他的东西了。如果是属于孩子的东西，那么孩子就有权力处置他的物品。

现实生活中，我们常会碍于成年人之间的面子，有时候可能还会要求自己的孩子做出礼让和分享。

当孩子不愿意的时候，成年人之间就觉得尴尬了。

有的父母会诱导，甚至会要求孩子与他人分享。比如，我们常常听到的，“你怎么这么不乖，你怎么这么自私？快点给小朋友玩一下。”又比如，我们会对孩子说，“大方一点嘛！和别人分享的孩子才是好孩子，这样真棒！”

孩子可能会迫于无奈而听从父母，很不情愿地和别人分享了他不愿意分享的玩具。这会导致孩子觉得，为什么自己的东西，感觉并没有真正地拥有，而且随时有可能被别的孩子抢走。

而如果强制让孩子把自己的东西与别人分享的话，这样也容易让孩子产生另外一种想法，我的东西被强制性地和别人分享了，那么我是否也可以用这种方法来得到别人的东西呢？

这些，只会让孩子对自己能否拥有自己的东西产生一种不安全感。孩子会因此变得不能够、也不愿意去真正分享，因为他无时无刻都处于害怕自己的东西被掠夺的状态。孩子从未感觉到真正拥有时，也不可能愿意真正地去分享。

这会破坏孩子内心的安全感，破坏自我的心理边界，**当孩子的边界不被尊重时，孩子自然也习得不懂尊重他人的边界了。**

还有因为父母的诱导，孩子为了得到父母的认可，尽管不情愿，但也把自己的东西分享出去了，因为只有这样才是父母眼中的好孩子、乖孩子，只有这样才是别人期待的正确的方式。这样的话，又会慢慢地让孩子的自我建立在他人的看法之上。

让孩子不能够真诚地面对自己的内心，变得在意别人的评价和看法。我们很难去拒绝别人，觉得不好意思，又或者怕伤害双方的感情，甚至担心别人会怎么看自己，而实际上我们又并不想答应对方。

我们的这种痛苦和纠结的行为模式，常常就是在这个时候灌输给了孩子。我们集体意识的没有边界感，也是在这个时候培养起来的。

## 4

与人分享，本该是建立在内心自愿的基础上的，只有这样的分享才是真情实意的，不是迫于外界的压力或讨好他人的需求。

那么，如何能够让孩子愿意真正发自内心地去享受分享的乐趣呢?

第一，你需要尊重孩子。尊重孩子对属于自己的东西，有拥有权和处置权。可以建议，但不要干涉。

第二，当孩子面临被分享的问题时，明确地告诉他、支持他。“这是你的东西，你可以选择分享，也可以选择不分享，这是你的权利，没有对错。”

第三，当孩子想要分享你的东西的时候（比如孩子想要玩你的手机的时候），如果你不愿意，你也可以明确地告诉他，这个物品有其他的用途，并不适合和你分享，但是爸爸妈妈很爱你，愿意和你分享其他的东西。

孩子怕被拒绝，是因为孩子总会认为被拒绝了就是不被爱了。**孩**

**子都希望得到父母的认可，觉得只有得到了认可，才算是得到了爱。所以当你拒绝孩子的时候，请记得告诉他，你很爱他！**

在生活中，慢慢培养孩子的边界感，当孩子能够建立自己的边界感的时候，也就能尊重他人的边界。当孩子能够区分对事情和对人的态度的时候，拒绝别人不合理的要求，就可以轻松地做到；被别人拒绝的时候，也可以坦然地接受；和别人分享的时候，也可以是发自内心地高兴。

## 5

自我边界的构建，需要和自私区分开来。所谓的自私，是损人利己，是为了自己的利益损害别人的利益。孩子不愿分享他的玩具，并没有损害到别人的利益，甚至可以理解为，他只是在维护自己的利益。

假若朋友带着孩子来你家做客，孩子之间因为玩具起了争执，如何既维护自己孩子的边界感，又不会在亲戚朋友间尴尬呢？

第一，你可以对着朋友的孩子说，“这是我们家小朋友的东西，即使是我们要拿，也要征得他的同意，只有他允许了才能拿，你可以去征求他的意见。”

当你这么说的时候，孩子们就会知道，一个成年人对于物品所有权的态度。

对于自己的孩子来说，他能够感觉到父母对他的爱意和支持，他能够确定自己拥有的东西，即使是分享出去也依然是他的，而且是要他同意之后才可以，而不是被别的孩子掠夺的。

当你的孩子因此而愿意分享他自己的东西时，说明他在父母那里得到了很好的支持和确定，他这时候的分享是自愿的，是真心的分享，而他内心的边界，也因为你的态度变得更明确。

第二，孩子仍然不愿意分享也没关系。给予他时间，并继续尊重他。

同时也可以对孩子及朋友的孩子说："这是我们家小朋友的东西，如果你要玩的话，还是需要征得他的同意。但是，现在他不愿意分享，我们需要尊重他。不过我这里，有另外一个有趣的东西，这是属于我的东西，我很愿意和你分享，你看看你想要吗？"

这样做，不仅尊重了自己孩子的边界，也告诉了孩子我们要尊重每个人的边界，尊重每个人对自己物品的处置权。同时，也可以化解成年人之间的尴尬，因为对方知道了你对孩子的教育和尊重，而且你也顾及了对方孩子的心情。当然，前提是你得事先准备好一个属于你的、又能够吸引孩子的物品。

每个人都有权处理自己所拥有的东西。这是尊重自己，同时也是尊重别人的态度。

作为父母，我们不是去做是非判断，也不是教孩子所谓正确的生活方式。而是要教会孩子尊重自己，尊重他人的边界，并在这两者之间实现平衡，获得自己想要的。

## 当我们在嫉妒的时候，我们在防御什么

有个笑话，说某人遇见了上帝。上帝对他说，可以满足他任何一个愿望，前提是他的邻居会得到双份的报酬。

那个人高兴不已，但他回头一想：如果我得到一份田产，邻居就会得到两份；如果我要一箱金子，那邻居就会得到两箱；更要命的是，如果我要一个绝色美女，那个“单身狗”就可以左拥右抱了……

那人想来想去，也不知道该提出什么要求好，实在不甘心邻居还能多占点便宜。最后，他一咬牙：要不，你挖我一只眼珠吧。

说这个笑话是因为，有些嫉妒真实地存在于我们身边。

### 1

职场，是个竞争关系的代言词。

如果你表现得太优秀，往往会招来他人的嫉妒。也有很多人，忽然看到以前不如自己的人现在变得优秀了，心里会觉得不舒服。很多朋友，甚至会处于强烈的嫉妒情绪之中。

这些嫉妒的情绪，就像莎士比亚描述的“绿眼怪物”般，在它卑劣的眼眸中闪着幽怨的光，看不得任何比自己美好的事物存在，充满着毁灭和破坏。

有位姑娘来信说，在现在的工作单位，她遇见了一位比自己强的女生。无论是外貌、智慧都比自己强，工作、学习经历都比自己好，而且工作也游刃有余，很会处事。

这让她很难受。不知道为什么，她就是很讨厌那个女生。但是，那位女生偏偏又是那种让人恨不起来的人。

这位姑娘说：“我知道自己对她很嫉妒，而且是在强烈地嫉妒她，嫉妒她的能力和运气。我人生的努力和艰难，她是不能理解的。我简直是嫉妒她的一切了。

“所以，我总想找她的碴儿，甚至在想象中已经狠狠地打过她一顿。事实上，我也确实对她做了些小坏事找她麻烦，不过她真的运气很好。其实她对我还挺客气的，她也没有做错什么，但是，我心里就是控制不了，我知道我在嫉妒，但就是控制不了，像有个魔鬼一样。我该怎么办？”

## 2

嫉妒是人类普遍具有的一种情感体验。几乎每个人都有过嫉妒的情感，适当的嫉妒甚至可以激发人的斗志。还有些嫉妒，却把注意力放在想着把别人比下去，让别人处境不好，让别人落后。

“要比别人怎么样”，看起来就像是个证明题，通过看到别人的毛病，或是去贬低、打压别人来证明自己。这种情况不仅在职场有，在亲戚朋友中也常常发生。

我在网络上看到一个妹子的帖子。这个妹子说，男友靠着他姑姑的路子赚了点小钱，结果引起了姑姑婆家人的嫉妒。于是，姑姑的婆家这边，要求之前所有的合作伙伴停止和男友的所有业务合作。

然而，男友的业务和姑姑婆家之间根本没有任何利益冲突，甚至男友赚钱，姑姑婆家这边也会跟着赚到钱。仅仅是因为嫉妒，宁愿自己少赚钱，也不让亲戚赚到钱。很让人费解，亲戚之间可以因为嫉妒狠到什么程度？

所以有些朋友常常觉得莫名其妙，自己并没有招惹那位同事，并没有得罪这位亲戚，为什么他们好像特别讨厌自己，总是排挤和打压自己，甚至不惜牺牲自己的利益？

## 3

嫉妒根本没有道理可言，因为嫉妒，人们往往做着损人不利己，甚至害己的事情。

那为啥还要嫉妒呢？因为嫉妒是有理由的，它能够满足一种心理需求。

有一种心理防御机制，叫**匮乏式补偿**，意思是你对那些不是像你一样有缺陷的人，发展出了一种有偏见的憎恨，尤其是在个性方面。于是，你参与排斥和赶走他们。

通俗点来说，就是通过找出别人的问题来弥补自己的不足；通过发现别人的毛病，来补偿和防御自己的自卑。

这恰好补偿了人们自卑的需求。因为他没有那么好，我就不用自卑了。

我们为了防御自己的自卑感，会发展出各种防御机制来保护自己。

《心灵的面具：101 种心理防御机制》里面讲了一个案例。

有位中年男人，辗转找过好几份工作。一会儿去酒吧当侍者，一会儿尝试去做木匠，30 多岁了，又跑去大学学习，想拿个学士学位。

这位男士吐露说自己很钦佩希特勒，原因是希特勒知道自己要的是什么——完美，并且知道他们憎恨的是谁——犹太人。

他的心理咨询师给他解释和澄清，某种程度上他希望去跟希特勒认同，他设想自己将会更好地了解自己，这样就能减少他抑郁和自卑的感受。

听了心理咨询师的话，这位男士表示了同意，还为自己对希特勒感兴趣而坦承内疚，因为他并不赞成希特勒的种族灭绝政策。

## 4

心理学家曾奇峰说，万病源于未分化。

匮乏式补偿，是为了保护嫉妒情绪所带来的痛苦。这种痛苦，源自母婴共同体的心理。

记得我在微博看过一个视频，有个男孩不想妈妈生第二胎，边哭边控诉："妈，我今儿就把话撂这儿了，你要是敢生第二胎，我就敢死！""我不想要弟弟妹妹，你们把爱分给弟弟妹妹更多，就不爱我了……"

还有就像那位来信的姑娘所说，她强烈地嫉妒另外一位女生，嫉妒对方的能力，连对方的运气也嫉妒。

原始的嫉妒，就是婴儿独占妈妈的愿望。在婴儿的世界，他会觉得他与妈妈是一体的，他需要占得一切可得的资源。

如果最初的母婴关系构建得好，能够得到相当的满足，孩子便不会太过于执着，也许也会嫉妒，但不会带恨。

如果婴儿早期严重缺乏爱和关注，就会特别执着于独占，无论是大事小事，只要伤害了独占感，在他看来都会很严重。

## 5

毁灭他人的美好，并不能毁灭内心的怪物。怎么办？

事实上，嫉妒并非是一种不好的东西，它只是一种情绪，只是我们给这种情绪赋予了太多道德上的意义。

既然它是一种情绪，我们就如实地把它当情绪看待，就和看待开心、悲伤、愤怒一样，把它表达出来。

曾奇峰老师还说过一个例子，有位男性咨询师在做了精彩的演讲后，一位男士从听众席上站起来发言。他先说很敬佩演讲者，然后又说自己作为男人很嫉妒演讲者，最后说将来要努力超过演讲者。这位男士的话音未落，就得到了雷鸣般的掌声，持续的时间甚至超过了对演讲者的喝彩。

曾奇峰说，这些掌声，是对人性的赞美和鼓励。因为永不服输的雄心壮志，足以照亮毁灭和嫉恨的阴暗。

**当你可以接受嫉妒情绪的时候，自卑将不会是你的困扰；当你可以欣赏美好的时候，你就成了美好的存在。**

# 第五章

# 跳出命运，才是命运赋予我们的意义

# 有没有那么一刻，就想和父母对着干

有位同学问，为什么自己总想和父母对着干?!

她说自己从小被父母宠大，父母什么都不让她干，但越长大她越是讨厌这种被安排的人生。

虽然知道父母也是为自己好，甚至有时也认同他们的意见，有时也会按照他们提的要求来做，但是，这些情况都是发生在他们看不到的时候，自己才会按照他们的想法做事，如果是当着面就想和他们对着干。哪怕即使自己知道，这件事情会给自己带来不好的影响，还是要对着干!

这位同学好担心，觉得自己是不是要疯了，父母也快被她气疯了，好苦恼，怎么办?

## 1

先说个更疯更“嗨”的故事吧。

有个男孩，从小在家庭暴力下长大，爸爸在外懦弱，回家就对妻儿动手。妈妈想着读书可以改变命运，于是，就督促孩子读书，看到孩子不用功就是一顿好打。

这个孩子喜欢玩棒球，总想着可以打棒球，但是妈妈坚决不允许。邻居大婶看这孩子那么爱打棒球却连个手套都没有，怪可怜的，于是在这孩子生日时，偷偷买了棒球手套送给他。但是妈妈根本就不准他打棒球，就连他拥有手套也会让妈妈生气。

所以，千万不能让妈妈发现棒球手套。但是，当时家里他根本没有自己的房间，没处藏手套啊。怎么办？这孩子就把手套包在塑料袋里，偷偷埋在银杏树下，每逢打棒球时才挖出来。

有一天，男孩挖开泥土时，发现手套不见了，只见塑料袋里装着一堆参考书……

妈妈说，那些都是没用的东西，你给我老实点看教科书，好好学习才能走出这个环境。还有时间玩棒球，是作业太少了吗？于是，妈妈就给这孩子报了英语和书法补习班。

但是这孩子不老实，每天骑着车假装去上课，实际上却跑到朋友家或是去公园玩，等玩得时间差不多了才回家。

有一次，一回到家，妈妈迎面就说："Hello, how are you？"孩子一时不知该怎么办，默不作声。"你没去上课吧？要说'I am fine'！"这真叫人不寒而栗。"妈妈怎么知道那些英语的？妈妈怎么知道我没有去上课？"结果又是一顿好打。

在无数次的较量和挨打中，这"熊"孩子终于长大了，还考上了名牌大学。妈妈这下心安了吧，孩子前途一片光明。但是这个"熊"孩子打算报复母亲对他的控制，在临毕业那年宣布不念书了。

就是不念书，就是要毁掉自己，毁掉大好前途人生，就是要让妈妈的希望彻底破灭。

## 2

他终于毫不留情地毁了自己，也毁了妈妈的希望。

实现了这个想法，接着就不知道干什么好了。男孩消沉了一段时间，觉得这样好像没什么意思，人活着，如果只是为了和父母对着干，那多没意思。这下，终于可以找点自己真正喜欢的事情来做了吧。

于是，男孩就开始混迹娱乐圈，而且越来越火。

有一天，男孩忽然很想家，就给家里打了个电话。自从毁了妈妈的希望之后，母子间交流就非常少，这次打电话回去，他的内心还非常忐忑。

妈妈温柔地接着电话，然后直接问他要钱。这当妈的怎么回事？真会扫兴！既然如此，就让她见识一下。男孩准备了 30 万现金，想给妈妈惊喜。“就这么一点儿？”果然是亲妈，不变的刻薄语气，“不过 30 万块钱，就一副了不起的样子！”

结果还是不欢而散，男孩发誓再也不回家了。不过妈妈也没想他回不回的问题，反正是隔段时间就向他要钱。

几年后，妈妈去世了。妈妈留给他一封信，信里说，孩子呀，从小娘就担心你，你不喜欢读书，又乱花钱，怕你以后日子不好过，所以娘把你给的钱都存了起来。你的钱还是你的钱，拿去好好利用吧。

信里夹着一张用他的名字开户的存折，翻开一看，记录着那些遥远记忆中的数字，某年某月某日，存款多少……

给妈妈的钱，妈妈一分也没花，全都存着。男孩哭倒在地上，久久站不起来。他说，这场最后的较量，我明明该有九分九的胜算，却在最终回合被翻盘。

他想起那年选择在毕业前退学，虽然报复了妈妈，却发现真正的人生不是和父母斗。这时候才发现，他其实根本不是想赢，也不想毁掉自己，也不想妈妈伤心难过，他只是想做自己，真正的人生是做自己。

这个男孩也一直在做自己，他上过电视，拍过电影，写过小说，办过画展，他有很多身份，导演、演员、作家、主持人、大学教授……无论哪种身份，他都在活自己，都在做自己。世界电影大师黑泽明曾请求他继承自己的衣钵。他的名字叫，北野武。

北野武说，这辈子和母亲的相处过程基本上是一种“折磨”，然而那一刻，对妈妈所有的怨恨都化开了，他看到了妈妈的爱。这就是成长的残酷。

## 3

叛逆，不是真正地做自己；叛逆，只是为了做自己而选择的一种防御。

有种心理防御机制，叫**不认同。它的意思是，你试图让自己不跟某些人（通常是你的父母）相似。我们常常会用这种防御来表现自己的叛逆。**

《心灵的面具：101种心理防御机制》里面讲到一个例子，有位母亲并不喜欢女儿的未婚夫，女儿为未婚夫辩解，说未婚夫的那些违法行为在她看来都只是“小问题”。

当这位女儿在做心理咨询的时候，咨询师对她说，有没有可能，你不想自己变得像妈妈那样“吹毛求疵”？

当她和咨询师去探讨的时候才袒露说，其实自己也并不真的那么爱那个男人，但是她讨厌自己的判断跟母亲的意见一致，她对妈妈那种显而易见的批判性倾向的反感（不认同），才是导致她要嫁给那个男人的原因。

就算那个男人不好，就算嫁给那个男人不幸福，但是，为了和父母对抗，为了做自己，还是要这么做。

这是我们在生活中经常可以看到的现象，明明对方是“渣男”，本来这个女生不一定会和“渣男”走到一起的，但是因为家里一反对，这个女生就真的和“渣男”走到一起了。

每个人都不愿意做别人的附属品，哪怕是做父母的附属品。

天性使然，在很小的孩子身上，其实就已经表现出来。刚刚学会说话的孩子，他们常常会说“不”，有时候即使孩子想要某样东西，他也会说“不”，这是孩子在对外宣布他对自己的主权，他才是自己的主人。这是最原始的对着干的做法，表示拒绝别人对自己的操控，要听自己内在声音的意思。

## 4

每个人的成长都不是一帆风顺的，必然会有挫折。作为父母，你会怎么做？如果你事事包办，处处干涉，在一定程度上，孩子会少走一些弯路，但可能也会让他走向更大的弯路。

每个人的成长都需要试错，都需要挫折，挫折固然难受，人生也固然会有不顺，但是这都是完完全全属于他自己的人生。

当人可以为自己的错误埋单的时候，他就学会了对自己的人生负责。

父母的爱，出发点是对孩子好，孩子的叛逆，是为了成为他自己。谁都没有错，只是父母子女之间的关系出了问题。

没有完美的人生，也没有完美的父母，父母也不可能为孩子铺设一条完美的路。每个人的路都要靠自己走，父母能做的就是在孩子艰难困苦中给予一些情感的支持。

对于孩子而言，父母的干涉、包办或是其他都不重要，重要的是如何去看待父母的这些做法。

就像北野武，他直到妈妈离世，才知道妈妈的动机，才知道妈妈对他控制背后潜藏的爱意。

当你看到父母背后的动力时，你的人格就开始成熟了。父母未必能够改变，但你知道你真正想要的是什么，自然不会和父母对抗至极端，毁灭自己的未来。

**当你可以卸下对着干的情绪枷锁时，你就开启了为自己而活的人生。**

## 每个孩子，都曾无条件地爱着父母

很多时候，我们总是习惯性站在成年人的角度去看孩子的世界。如果我们能从孩子的世界出发，去看他们问题背后的动机，就会发现，自己真的低估了孩子对我们的爱。

### 1

还记得非常火爆的《爸爸去哪儿》节目吗？

有期节目的任务是让几位爸爸给孩子准备午餐，由孩子们投票，看看谁做的饭菜最受孩子们的青睐。

厨师出身的张亮原本以为这次比赛会是自己的拿手好戏，可孩子们似乎更喜欢林志颖的自创水饺。看着孩子们纷纷将手中的狗尾巴草投票给别人，张亮抱着自己的儿子静静地等待最后的“惩罚”。

就在此时，天天挣脱爸爸的怀抱，他冲向院子外。节目组以为这个孩子又要开始闹情绪了，张亮也急忙追出去说：“你走了我就输了！如果我输了就怪你！”

这时，节目镜头切换到天天身上，只听他嘴里一直叨叨念念着：“狗尾巴草呢？哪有狗尾巴草？”电视机前的观众都明白了，这个孩子以为只要有了狗尾巴草，爸爸就能赢，他想给爸爸所有的支持。

可是爸爸并不知道孩子的心思，他生气地责怪了儿子。最后，儿子结结巴巴地吐出几个字：“我只是想拔一根狗尾巴草给你。”

所有比赛的胜利，都抵不过一根最珍贵的狗尾巴草。

很多时候，我们总是以成年人的思维来看孩子的世界，却不知道那些淘气、不懂事的背后，竟然是孩子想对父母单纯地表达爱的行为。

## 2

有个孩子，早年父母离异，几姐弟从小跟着妈妈讨生活。

妈妈每天辛苦工作，但这个孩子呢，就有点不让人省心了。每次吃饭的时候就挑好吃的来吃，最让人讨厌的是，他挑几块肉到自己碗里，咬几下又不吃了。

单亲妈妈看到儿子这样，好伤心难过呀。想想自己离异了，不能够给孩子很好的生活条件，又不能好好地教育和陪伴孩子，导致孩子变得像现在这么自私。

有一天，妈妈买了几只鸡腿回家，想着改善下孩子们的伙食。没想到这个调皮的孩子，咬了几口竟把鸡腿掉到地上。妈妈忍无可忍，想着生活那么艰难，孩子又不听话，一气之下就拿起棍子打了这孩子一顿。

打完孩子，看看地上的鸡腿，妈妈舍不得扔掉，就拿去洗干净了自己吃。

很多年过去了，这个孩子和妈妈在一个访谈节目里，再次提起了这段往事。

主持人问妈妈，这孩子小时候是怎样的人。

妈妈说："挺好的，但是在吃饭这件事上，真是让我伤透了脑筋，也很伤我的心！"

这孩子就对妈妈说："要不是当时我把鸡腿掉地上，你会舍得吃吗？只有这样你才会吃啊！"

因为童年的他发现，每次买回来的肉，几个孩子吃的时候，妈妈碰都不碰。那段日子，妈妈只吃咸菜，把好吃的都给了他们姐弟。于是，这个调皮的孩子故意咬几口又不吃，只有这样，妈妈才能吃到肉。

当在现场说这件事情的真相时，他泪流满面地看着妈妈，妈妈当时的那种感动，让现场每个人都流泪。

这个调皮的男孩，长大后拍了很多经典卖座的无厘头电影，在很多部电影里面，都有他烤鸡翅吃鸡腿的场景，他用电影将儿时的情怀表现在观众面前。

这个不懂事的孩子，名叫周星驰。

## 3

之前有个视频，是一个妈妈和孩子互相评分的测试。

几位妈妈在演播室讨论各自的孩子，调皮、不听话、不懂事、不好好吃饭……

主持人问那几位妈妈："如果满分是 10 分的话，你给孩子打几分？"妈妈们想了想，给出了 8 分、7 分不等的分数，低的还有 5 分。

接着镜头再切换到正在玩耍的孩子们身上。

他们谈起自己的妈妈满口尽是赞美和爱意：

“我喜欢妈妈陪我……”

“我放学回家就是要妈妈抱……”

“妈妈变老了我会很伤心……”

“就是喜欢妈妈，想保护她……”

主持人也问了孩子们同样的问题：“如果满分是 10 分，你给自己妈妈打几分？”孩子们的回答竟然出乎意料地一致，几乎都是 10 分！

除了某个不懂事的孩子，她竟然说要打 10000 分！

演播室里，所有孩子的妈妈都哭了，她们被自己的孩子感动着，她们在孩子身上感受到了那种无条件的爱。

## 4

父母希望孩子听话，但父母经常听不到孩子说话。父母希望孩子懂事，可父母常常不懂孩子的世界。

父母情绪不好的时候，孩子躲不开。孩子情绪不好的时候，父母讲道理。

当我们总是让孩子学习别人家的孩子的时候，孩子可从来没有要求我们变成完美的父母。

孩子对我们的爱，常常是不假思索的纯真，而我们对孩子的爱，往往是附有条件的期望。

孩童只盼望欢乐，大人只知道期望。

孩子在大人的期望中成长，在成长中也变成了有期望的成年人。

我们总是觉得孩子不省心，可在孩子眼里，我们却是完美的。

国外有个有趣的实验，参与者被问了这样一个问题：如果让你选择任何一个人共进晚餐，你会选择谁？

爸爸妈妈们的答案五花八门：凯莉·米洛、贾斯汀·比伯、玛丽莲·梦露、曼德拉……

孩子们的答案却非常简单："家人""跟爸爸妈妈吃""想和全家一起"。孩子们单纯简单的回答让无数大人既惭愧又感动。

在孩子的世界里，父母胜过一切名人、英雄。他们对父母的爱，是生命中最重要的爱。

俄国作家陀思妥耶夫斯基说："和小孩在一起，可以拯救你的灵魂。"

因为每个成年人都曾是孩子，每个孩子都曾无条件地爱着父母。好好爱孩子，就像理解当年的自己一样。

## 你是否也给孩子导演了一部惊悚片

有位朋友说，一直以为自己是个很傻很木讷的人，别人怎么说自己就跟着怎么做。直到看到我的文章《为什么我总是优柔寡断没主见》，他才忽然明白，他并不傻，他只是接收了父母的暗示。他说看完文章后，想起了小时候的一件事。

有一次，父母让他去扔垃圾，他们家住在五楼，楼下的街道平日里都会停着垃圾车，每次都是直接把垃圾丢到垃圾车里面的。

那次朋友到了楼下，发现垃圾车没有停在那儿，被清洁工人拖走了。

怎么办？他从小是父母老师眼里的乖孩子，很守规则很听话。犹豫了一下，既然垃圾车不在那里，那要不就把垃圾带回家吧。于是朋友又提着那两袋垃圾上了五楼。

他回到家后，父母哭笑不得。这孩子是不是有毛病，垃圾放在停垃圾车的地方就行了呀。

朋友说，后来自己想想还真的是，为什么不直接把垃圾扔在旁边？反正清洁工人也会把垃圾放进垃圾车，反正别人也会这么做。可是，为什么自己就没想到呢？难道真的是傻?!

于是，每每遇到诸如此类的事情，这件倒垃圾的事情一直会被当作笑料提起。父母的朋友来了会当作笑话讲起，家里亲戚朋友聚会时也会被提起，甚至是他恋爱的时候，连女友也知道了他童年的笑料。

这位朋友说自己也觉得自己很傻、情商低，越长大发现越自闭，越来越不愿和人交往。直到看到那篇文章之后，他忽然发现了一个问题，从小到大，父母一直都在说他不醒目。而他为了避免自己出更多的错，于是认同了父母对他的投射，所以自己也变得更木讷。

难道，原来自己不是傻?! 傻了二十几年，忽然发现自己其实不是傻，这有点惊悚得让人难以接受。

## 1

这是怎么回事？先看一部惊悚的悬疑电影再说。

《煤气灯下》是于1944年上映的惊悚电影。美丽的少女宝拉继承了姑妈的大笔遗产，并与潇洒、体贴的青年安东结了婚。可是婚后家里相继发生了许多的怪事，使宝拉感到非常不安和害怕。

每到夜晚，丈夫外出工作后，房中的煤气灯忽明忽暗，似乎楼上也传来某种奇怪的声音，宝拉感到非常恐惧。而当丈夫回家后，煤气灯又恢复了原来正常的亮度。没人觉得不正常，除了她自己。当宝拉把恐惧和困惑告诉丈夫时，丈夫却对她说，那只是幻觉，是她精神上有毛病。

从首饰的丢失开始，丈夫就一直在暗示宝拉：你的记忆力不佳，你已经精神错乱了；你总是忘了做过什么事情，你出现了幻觉。

自从结婚之后，少女宝拉变成了家庭少妇，丈夫以呵护她的名义，限制了她的自由，在这个封闭的世界里，她没有任何社交活动。宝拉渴望走出去呼吸一下新鲜的空气，却越来越没有勇气踏出屋子半步。

为什么自己会变得越来越健忘呢？

当被丈夫责怪时，自己就像是个做错了事的孩子，不能确信自己做过什么、拿过什么、东西放到了哪里，她开始不断地自我怀疑，宝拉越来越不能相信自己的感受和判断力。甚至在用人面前，都犹如惊弓之鸟。

原来，每次丈夫都以外出工作为借口，趁机悄悄地躲进楼上那间神秘阁楼翻东西。楼上一开灯，宝拉房间的煤气灯就变得不稳定，忽明忽暗的。但丈夫不断的暗示，让她对自己的记忆和精神状况产生了深深的怀疑。

直到侦探伯林为了弄清真相，来到宝拉的家中才发现，使宝拉恐惧的真正原因是，丈夫安东在无人知晓的情况下对楼上的储物间的大翻查，其目的是想要偷走姑妈留下的宝石。而因为侦探的介入，宝拉才不至于沦落到疯人院里去。

## 2

电影《煤气灯下》这个名字取得非常贴切，整部电影的惊悚气氛，都在煤气灯的忽明忽暗下渲染出来，也是女主由心理正常到疑神疑鬼、精神崩溃的关键因素。

心理防御机制里面有个叫“点煤气灯”的防御机制，正是因为经典电影《煤气灯下》而引申的术语。

**书中对“点煤气灯”防御机制的解释是：你在其他人身上引发精**

**神紊乱以便摆脱你自己的困扰感受；或者，你使另外一个人相信他是愚蠢的或者将要发疯的。**

**说得直白点就是，让别人觉得他自己错了。**

《心灵的面具：101 种心理防御机制》在描述这一防御机制的时候，特别做了个提示：点煤气灯的受害者可能就是那个来做心理咨询的人。当你与这样的来访者会谈时，需要小心，不要轻易对那个作恶的嫌疑人发表意见。为什么呢？

因为“点煤气灯”的防御机制会让当事人感觉就是自己的问题，他已经深深地接受了长久以来的心理暗示，突然看到真相，就像长久待在黑暗中突然见到阳光一样，会产生更大的崩溃。

就像电影的女主角宝拉一样，即使侦探向她揭露了真相，但只要碰到丈夫对她重复地说“那只是你的幻觉”，她便又开始自我怀疑起来。

这也是为什么很多被家暴的女性离不开施暴者的心理。

所有的家暴行为，无论是身体暴力还是语言暴力，目的都是为了控制。而家庭暴力中恶意的心理暗示经常是非常必要的一个环节。

施暴者会不断地否定你的感受、否定你的情绪、否定你的认知。这些都是为了增强你自己的无助感，也增加你对他的依赖性，以便更好地被他控制。

## 3

家庭里面还有一些心理暗示，虽然并不起眼，但也造成了不小的伤害。比如文章开头提到的那位朋友，可以想象，他的父母曾不经意地给过他多少心理暗示。

还比如，在文章《为什么我总是优柔寡断没主见》中谈到的，我们之所以没有主见，很多情况下是因为父母把我们的自我功能给剥夺了。

很多家长为了不让孩子去做什么事情，碰什么东西，或者想让孩子按自己的想法去做某事，就常常会用各种言语来暗示孩子。

“你不会的。”

“你不敢的。”

“你不懂的。”

这些语言就像催眠一样，听着听着，仿佛就真的变成这样了。这些话只会让孩子听了变得越来越木讷，越来越胆小，越来越自卑，越来越不能相信自己的感觉和判断。

在网上还看到过一位妈妈的分享。夏天到了，她想给女儿剪短一些头发，因为女儿一直都不肯扎头发，天热经常弄得一头汗不说，还容易长痱子。结果女儿死活不同意，女儿哭着说：“我不要剪短头发，你们都说我的耳朵长得丑，如果头发剪短了，我会难看死的。”

这位妈妈说，听到女儿这么说之后十分自责，她原以为女儿一直不扎辫子不剪头发只是为了爱美，万万没想到，女儿不剪头发的原因竟然是为了遮丑。

女儿其实并不丑，虽然有点招风耳。但女儿对此记忆深刻，正是因为孩子还小的时候，她对女儿有意无意的笑谈和逗乐时说过这些话。

成年人的一句玩笑话，却深深地刻在了孩子的记忆深处。更不要说那些每天在孩子面前说“你不懂，你不会，你很笨，你很丑”的话语。有时候，我们都不知道，自己是否已经给孩子的人生导演了部《煤气灯下》的惊悚片。

## 成长，就是父母温和地把孩子从身边赶走

父母爱子女，从来都不是问题，只是有些为爱所付出的代价，可能并不利于孩子的成长。

我们常常可以看到这样的画面：

在孩子做功课的时候，很多父母即使是上班再辛苦，也要在孩子旁边陪伴着。有些家庭，即使经济状况比较紧张，但是为了赢在起跑线上，宁肯节衣缩食，也要让孩子去特长班、补习班。

最近看到一则调查，说中国爹妈最舍得付出，但还觉得不够。

调查主要针对子女教育问题，比如出国留学，尽管费用不菲，但调查显示超过八成的父母表示愿意资助子女，甚至很多父母为支持孩子的教育，甘愿牺牲自己的生活。尽管这些父母为子女的教育付出很多，但是他们依然不确定是否已为子女的未来做足了准备。

很多父母为了孩子，会想尽一切办法，为孩子做好未来一切的准备。

但是，**如果父母为孩子的未来承担太多的话，孩子好像就不需要**

**去承担本该属于他自己的责任了。**

## 1

这让我想起前段时间，一些在国外留学的孩子，有不少虽然家境优越、衣食无忧，可他们不仅学无所成，甚至荒废了大把的光阴与青春。他们不仅外语没学好，连中文也忘记得差不多了，每天都是浑浑噩噩地玩着网络游戏，丝毫也没有对前途未来的紧张和担心。

因为父母做得太多了，把本该孩子去承担的责任都承担了。

“既然父母都替我紧张了未来，好像我也就可以不用那么紧张了。既然父母那么有能力，那么，好像我就可以不用那么努力了。”

我们还经常可以看到，有些孩子已经比较大了，不再是婴幼儿，但是仍然要父母喂饭，不喂饭就不吃。我们常常会说这孩子不省心，这么大了还要别人喂饭，但是这种不省心，恰恰是早年父母把孩子的自我功能剥夺了的结果。

很多父母害怕孩子吃饭时把饭菜弄得到处都是，又把衣服弄脏，为了省事，所以给孩子喂饭，一直从小喂到大。孩子的自我功能就这样被剥夺了。

自我功能有很多种，比如学习、社交、兴趣、自我管理等等。如果父母在跟这个功能相关的事情上做得太多了，其实就是剥夺了孩子这一自我功能的成长。

## 2

有位朋友送女儿去学弹琴，他说孩子最初还挺喜欢的，后来不知怎么的，越来越不想去练琴，每次带去练琴女儿都跟他们讲无数个条件，反正就是不想去。

原来他们只是报了钢琴班，后来看到和女儿差不多大小的孩子，有的已经参加比赛，还拿了名次，还是钢琴八级……于是，他们也给女儿报了考级班，从此之后，孩子渐渐就不愿意再去碰钢琴了。

艺术教育是现在社会上很普遍的事情，家长希望培养孩子的艺术爱好，本意是好的。只是，有些是自己童年没有实现的；有些是功利性太强，似乎都没有考虑过孩子真正的兴趣，最后把兴趣变成折磨。

曾有篇文章，说的是老外评价大多数中国人的一生。

这篇文章说，中国人很优秀很勤奋，但是都在为了孩子，为了下一代多挣些钱，为孩子的未来操心至死，却从来不为自己的生命而活。

有的父母为了能给子女提供更好的受教育环境，甚至夫妻分居，其中一方带着孩子去陪读。但是孩子的学习并没有变得多好，甚至因为父母过度的付出和牺牲，让孩子背负了沉重的包袱。

当我们总觉得不够的时候，其实是把内心焦虑的重量放到了孩子的身上。当孩子感觉到这件事情好像不是为自己做的时候，再好玩的事情也变得无趣。于是，本该是孩子自我可以发展起来的功能，就这样被破坏了。

因为，我们都没有为自己活过。

## 3

一个长期被剥夺了自我功能的孩子，长大后也会主动地把自我功能外包给别人。因为虽然孩子已逐渐长大，却已习惯了这样的生活模式，他也就习惯了把自我功能“外包”出去，他已经习惯了被安排的生活。

最终，当这个孩子进入社会后，谁再安排他的生活？谁也没空儿去安排他的生活了。于是，最常见的结果就是他躲在家里“啃老”了，这时父母会抱怨孩子没有自主生活的能力，但是这个果，却是父母一开始就自己种下的。

心灵的成长也意味着，孩子跟父母的距离有了很好的分化，孩子终将成为一个成年人，一个人格独立的人，孩子的人格成长得越好，越是有能力远走高飞，成就事业。

但是，很多父母会混淆了这种分化，意识上会希望孩子好，潜意识可能会害怕孩子发展得太好而远离了自己，所以不断为孩子付出，还担心自己做得不够。其实，这很可能会变成过度担心孩子，当孩子总是接收到父母这样的信号时，他们也会觉得，若自己发展得太好了，就满足不了父母照顾他们的想法，这会让孩子形成自我功能主动外包出去的想法。

于是，过度的付出并没有帮助孩子自我的发展，反而妨碍了孩子心理的成长。

该怎么办？

## 4

有位朋友给我讲了这么一个故事。

有个男孩大学毕业后找不到工作，高不成低不就，喜欢的工作看不上他，能要他的地方他又嫌工资低。怎么办？就先待在家里玩电脑游戏了，反正家里包吃包住，没钱就找父母要点花花。

如此过了一段时间，男孩的父亲发现这样下去不是办法。于是，就狠下心来，决定对儿子收取房屋租金。

这位父亲对儿子说，大家都是成年人了，以后住在家里得一起分摊水电，这个月的租金你差不多得交了，不然家里就随时断网了。

男孩一听，面前的父亲好像变成了房东，关键是好像在玩真的。父亲的话给了儿子一种暗示，你已是成年人了，你需要对自己负责。

在成长过程中，父母要有意识地“温和地把孩子从身边赶走”。每个人的成长，都伴随着独立和依赖两种愿望的冲突，随着孩子的成长，父母应该更多地对孩子温柔一推，支持着孩子往独立的方向成长。

因为有了父母的过度付出，才会把孩子养成了巨婴式的存在。在这样的父母眼里，不管子女是否成年，都是长不大的孩子。孩子遇到了困难，还没有求助，父母就已经想好了该怎样帮忙。

有句玩笑话说，有困难要帮，没有困难，制造困难也要帮。

也正是这样，有很多孩子早已习惯了父母的帮助，早已把父母的付出看成是理所应当，也早已习惯了把自我的功能外包出去。这固然有孩子的问题，但也有父母的责任。

## 5

让孩子学会对自己负责，首先父母就需要对自己负责，而不是过度地为孩子付出和包揽。

当孩子在学走学跑的时候，我们要做的就是给孩子安全的场所，让孩子靠自己的力量跨出人生的一步，而不是牵着抱着怕孩子磕着碰着。

当孩子想自己吃饭的时候，我们要做的就是清理散落的食物，让孩子用自己的双手感受身体的协调，而不是只想着喂饱孩子就完事了。

当孩子想活出自己的时候，我们要做的就是过好自己的人生，让孩子可以率真地为自己而活，而不是规划孩子的未来、左右孩子的人生。

为人父母可以做的，是给孩子必要的支持，把属于孩子的责任还给孩子，把属于孩子的人生让孩子自己经历。

成长，就是父母温和地把孩子从身边赶走。

## 你想过与父母和解的目的是什么吗

最近又听到了这个段子：

老大当初因为走私罪被抓，在监狱里面死活不肯透露最后一批货藏在哪里。今天终于出狱了。出狱之后一言不发让我把车开到郊区，仔细辨认了一天，终于找到了当初埋货的地方，我俩挖了半天挖出了一个超大箱子。

老大看着大箱子，都开始颤抖了，紧紧地抓着我的手说：这批货一出手我们就有钱了，这几年的苦也没白受，咱们一起过好日子！

我流着幸福的泪水，打开了箱子：满满一箱子 BP 机。

这个桥段，在电影《乘风破浪》里面也出现了。看这个段子的人们都在笑，而电影里，饰演儿子的邓超，看着满床的 BP 机，陷入了沉思。

“你觉得，当时的他在想些什么？”一位朋友问道。

我不知道该怎么回答她。于是，她给我分享了她春节回娘家发生的故事。

## 1

朋友说春节带孩子回家乡，但是过得很不愉快，几乎都是在和父母的争吵中度过的。而且，所有的争吵都是些鸡毛蒜皮的小事引起的。

比如，孩子穿衣服这件事。孩子本可以自己穿好衣服的，但是朋友的妈妈一直在催，“天气冷，快点”“怎么穿个衣服都穿不好”。

孩子们在玩的时候，总是打断孩子，“你要这样，你不要这样，你不可以……”

朋友说，每到这个时候她就会焦躁不安，她尝试着告诉父母，这么做会打断孩子的专注力，评价会影响孩子的自我价值感。

朋友不断地给父母灌输她所理解的育儿知识，但是基本上没有什么效果，结果总会引发一场争吵，双方都很不愉快。

尽管知道父母无法改变，但是每次遇到类似的情况，内心总是无法容忍，于是指责争吵。

每一次争吵过后，朋友又会陷入愤怒内疚后悔无奈的情绪之中。

## 2

朋友从小是左撇子，在父母眼里，她是个怪孩子，父母都觉得她有病，一直要纠正。

妈妈总是对弟弟很好，无论弟弟如何发脾气都可以，无论弟弟在家做错了什么都可以，但是自己却从未有过这样的待遇。

她的印象里，妈妈对着自己好像总是一副不开心的样子，在妈妈眼里，她似乎就是个晦气的孩子，父母不高兴的时候，就是她挨打挨骂的时候。

上小学后，她的成绩还不错，经常可以拿三好学生的奖状，让父母脸上有光彩，她看到了妈妈脸上难得一见的高兴。于是，她加倍努力，希望有一天，可以感受到和弟弟同样的爱，可似乎一直都没有。

“这个应该，那个不应该，这个好，那个还不够好……”

她不断努力，希望能够达到父母期望的标准。她曾在无数个夜晚独自流泪，为自己的卑微而痛哭，为想要爱而得不到爱的自己痛哭。

每一次流泪，都勾起她对妈妈的渴望；每一次回顾，都勾起曾经受过的委屈；每一次难过，都勾起她对妈妈的怨恨。

她甚至在心中无数次地呐喊，妈妈，我想你爱我！妈妈，我恨你，我恨你为什么不能爱我！

恨，是因为爱而不能。

但，孩子仍然希望能够在父母身上找到爱。

3

朋友说，春节回家的这几天，每次看到妈妈和孩子之间的互动，似乎又看到了童年的自己。

应该怎样，不该如何……

每次听到这些话的时候，内心总会有抑制不住的愤怒。

每次她都想问回去，“如果我的学习不好，如果我没有找到好工作，如果我的言行举止没有变成你们希望的样子，难道我就不是你的孩子了吗？难道没有这些我就这么不招人待见吗？如果我还是用左手吃饭写字，你还会爱我吗？还是会继续骂我？”

朋友最后什么都没有说出口，她害怕引发更大的冲突，她更害怕冲突之后又勾起小时候的回忆。

她曾想过要原谅妈妈以前对她的种种，但是她没有办法去原谅。那些堆积多年的委屈和愤怒一直都在那里，真真实实地在那里。特别是每次看到妈妈自以为是地教育孩子的态度，看到这些方式又在自己的孩子身上重现的时候，那股无名的怒火就会冲天而起。

她又想到自己和孩子一起玩拼图游戏的时候，孩子觉得困难不想玩了，她一直在怂恿孩子继续，她觉得应该要有始有终，她同时又觉察到，原来自己更深一点的担心是怕孩子不敢面对挫折。

她想到自己在父母许多的“应该、不应该，好与不好”里长大，而此时她又开始对自己的孩子说，应该要怎么样。每次出现这样的念头的时候，她就忍不住想到，都是因为父母。每次想到这个因素，她都会想把现在学习到的育儿知识灌输给父母。

尽管朋友意识上知道父母不可改变，但是潜意识层面，她在渴望着改变父母。

表面上，是为了自己的孩子，所以要灌输给父母现在的育儿知识。更可能是为了内在的自己，为了让父母知道，他们以前的做法是错误的，为了让父母知道自己曾经受过的那些委屈。

## 4

即使成年了，即使自己也养育了孩子，可是每次在和父母互动的时候，仍然忍不住想要获得父母的肯定和爱，但是我们渴望的太难得到了，于是我们有了恨。

恨似乎可以“代替”爱的一些功能。

小的时候，孩子怨恨父母错误对待自己的方式，但是孩子不能表达出来。因为孩子需要父母，需要依靠父母才能生存，不好的关系总比没有关系要好。

我恨着你，但是我需要你，我需要这份关系。既然爱不能，那就通过恨来维持着这份关系吧。

想起电影《乘风破浪》开头的片段，徐太浪在赛车夺冠之后，对着媒体说“谢谢我生命中最重要的一个人，谢谢他的不支持、不认可、不尊重。当初他把我的梦想、尊严、自信踩在脚底。这一天，我要让你亲眼见证：我比你厉害得多了，你有什么资格对我指手画脚，就凭你是我爹吗？”

可是见证了之后，他是否真的能快乐了？

也许，我们并不是想要证明对错与否，并不是想证明厉害与否，我们想证明的是爱是不是真的存在过。

那个曾经受伤的、委屈的、愤怒的、孤独的、被深深地藏在内心深处的孩子一直在求证，爱是不是真的存在过。他没办法忘记曾经遭受过的一切，所以他没办法让我们原谅父母、原谅自己。

## 5

朋友说，当她看到电影最后邓超对着一床 BP 机的时候，影院里的观众都在笑，她却泪流满面。

那一刻，她看到的是一个父亲，把他认为能够给予的爱留给了家庭。

朋友说，那个画面让她想起了一些事情。

她想起了小的时候，妈妈曾经和邻居吵架，她还小，并不知道当时发生了什么，但她知道和她的左撇子有关系。她又想起来，小的时候，听说左撇子很怪异不吉利，大家都想矫正孩子用右手来避免灾厄。

不知道为什么，我们往往更容易记住父母对我们的伤害，而忽略了他们对我们的爱。也许是因为伤害太重了，也许是因为他们爱的方式也出错了，我们感受不到那是爱，而觉得是另外的伤害。

“那你看到邓超看着满床的 BP 机这一幕时，你想的是什么呢？”我忍不住问她。

她说：“我恨过她，但我现在可以对她的行为有些理解，我还无法原谅她，我内心还有冲突和痛苦。因为他们，我学会了不够爱自己，但是现在，我可以去学习好好爱自己了。”

是呀，原谅与否，和解与否，目的是什么？

目的是重新学会好好地爱自己，好好地去爱那个孩子。

## 愿每个女孩，都有被爱照亮的生命

在微博上看到一则新闻，有位孕妇去做B超检查，查出怀的是女孩，男方得知结果后当场要和女方离婚，孕妇当时就昏厥过去。

我的一位同学，嫁到了重男轻女的地方，她说自从怀孕起，总不免碰到有人问，照B超了没有？是男孩还是女孩？还有人告诉她，你的肚子是尖的，怀的肯定是男孩；你孕期反应这么大，怀的肯定是男孩；甚至有人一口咬定，怀的就是男孩。

同学说，她本来对生男生女无感，但天天听到人这么说，自己也开始怀疑怀的是不是男孩。似乎周围的人都集体无意识般地希望，她生出来的是个男孩。而她自己，也有意无意地参与了进来。

那种感觉就好像自己非生男孩不可一样。而且，因为众人的态度如此，好像自己不生男孩就对不起社会一般。同学说，那段时间真心难受，最难受的是，丈夫家某亲戚居然还有意无意地对她说，在医院有熟人，可以带她照B超看胎儿性别，照出男孩就留着，如果是女孩不想要的话还可以帮她流掉。

同学说，她深切地感受到了重男轻女的可怕。

## 1

电视剧《欢乐颂》中，樊胜美的故事引起了很多人的共鸣。

我还记得一位网友在微博上的评论：“每次看到樊胜美的时候，我都忍不住哭。看着她就仿佛看到了自己同样悲哀的出生。”

很多的家庭，除了独生女之外，有多少父母会愿意主动为女儿置房产、给首付呢？然而很多父母却会全款给儿子买房，把家产留给儿子，甚至要求女儿帮儿子偿还贷款。

有位朋友说，当年家里在市区买房，那一年她刚毕业出来参加工作，拼了命地努力，好不容易攒了2万元钱，给家里添置了家具家电，也算是对家庭比较大的贡献了，毕竟是自己的家嘛。她付出的不仅是物质，更是对家的依恋和情感寄托。

然而结婚后，她时不时会听到父母跟亲戚唠叨，说怕自己以后会和弟弟抢房子。

朋友说，她甚至一度怀疑，父母是不是有意无意地让她听见这些话。那种难受是说不出的滋味。为了让父母安心，朋友甚至主动和父母谈过几次，请他们放心，她不会和弟弟抢任何东西。但她也知道，父母提防的心一直没有放下。

朋友说太多类似的伤心事刺激着自己。她根本没有打算要家里的那套房子，但她希望得到最起码的尊重。

犹如樊胜美的故事，买房首付贷款出钱，当女儿的就有份儿，但是房子想都别想。嫁出去的女儿泼出去的水，我们似乎一直没有好好地善待过女儿。

## 2

之前，还有一则澎湃新闻的消息。在江苏南通，重男轻女的张某，因为儿媳第一胎生下的是女儿，于是软硬兼施，甚至同意出资给小夫妻俩再买一套房子，鼓动儿媳生第二胎。没想到第二胎也是女儿，张某恼怒之下，杀死了出生仅四天的孙女。

踩踏，掐，直至死亡……弃于楼梯转角纸盒……

实在无法想象，也不敢想象。

更难以想象的是，如此恶毒的事情事发之后，张某的儿子媳妇、邻里多人向法院联名请求对她从宽处罚，法院最终轻判结案。

微博网友“博爱病患者”说，不该是这个道理吧？法律要是还能通过谅解来减刑，这也太魔幻了。

另外一位网友“故事里的树 -biu”则说，难道是因为家人和周围的邻居都重男轻女，所以对老太太的行为表示谅解？实在想不出其他理由。

也许，这真的是个理由。他们集体谋杀了那个女婴。

如果故意杀害一条生命，如果死去的是个男婴，还会有众人的谅解吗？也许，这个假设根本就不会成立，男孩会被这样故意杀害吗？

女儿们的生存环境究竟有多差？

## 3

重男轻女、男尊女卑的传统，在有些地方还存在，在这种传统中，女性的生命价值被贬低，不能得到足够的尊重。特别是在男尊女卑的家族环境中，女性必须要生育儿子，否则她们的生命价值和家庭地位就岌岌可危。

所谓母凭子贵，只要生了儿子，就能够找到自己的生命价值，找到自己生命意义的存在感。

假若生的是女儿，假若这个母亲从小所处的家庭环境也是重男轻女、男尊女卑的，那这位母亲会很容易产生仇恨。

一方面，是对这个家族的仇恨，仇恨这个家族为什么不能够接纳自己。另一方面，是对自己女性身份的仇恨。恨自己为什么不是男的，更恨为什么生下的不是儿子。

而这种痛苦，很容易会被投射出去。女儿，则是最容易成为痛苦投射的对象。

正如杀害孙女的张某，我们无法理解她到底有多仇恨女儿之身，也不知道同为女性身份的她曾面对过些什么。

## 4

如果一个家庭重男轻女，会让在这样的家庭环境中成长的女性内心充满恐惧与自卑，没有被爱照亮的生命，存在本身就是羞愧。

很多女性不能认同自己的性别，为什么我是女的？如果我是男孩，就可以让父母高兴了；如果我是男孩，家里就不用那么多的姐妹受苦了；如果我是男孩，父母就不用有那么重的家庭负担了。

她们很难很好地得到父母的爱，因为她们的父母的内心也是匮乏的，她们只能一直填补着父母内心匮乏的黑洞。正如所有的樊胜美般，她为家庭一切的付出，哪怕自己拼死拼活，哪怕自己粉身碎骨，其实都是为了得到父母的爱和看见。

很多女性，即使有了自己的小家庭，也会忍不住为父母、为家族继续奉献自己，甚至牺牲自己的小家庭。

甚至她们也从当年的受害者变成加害者，女性的性别不被认同，自己也变得不认同自己女性的身份，更恨为何生下的是女儿而不是儿子，继而把女性性别的“痛苦之身”投射到自己的女儿身上。

她们的女儿，也变成了“樊胜美们”。

在一些地区，如果女人没有生儿子，不但不被婆家接纳，甚至都不被娘家接受。

在不尊重女性的地区或家庭，女性必然生活在普遍缺乏母爱的凄凉状态里。

## 5

为何?

自私!!

因为女儿最终是要嫁出去的，是要跟别人姓的，是泼出去的水，是“赔钱货”。

缺乏爱的能力的人，从不认为女儿是自家人。既然是“赔钱货”，既然要成为别人家的人，为什么还要好好养?

“迟早都要嫁去别人家，读那么多书有什么用? 家里没有那么多的学费，我还要供你哥上学。”有位来访者说，这是她父亲的原话。高中那几年，她每天都祈祷能够有机会上大学，能够有机会摆脱这个家庭。

那年高考，她考上了师范学校，哥哥只考了个高职。父亲说，当老师好，当老师稳定又赚钱。最后家里借了钱给她念大学，她靠自己的努力走出了家庭的贫穷和愚昧，但每次聊到她的家庭和父母，她的眼神里全是悲凉。

重男轻女的地区，人们的内心十分匮乏与自私，所以也不会想到要好好养育女儿，反而想着从女儿身上尽可能地去勒索情感，得到财物和好处。

## 6

重男轻女是个诅咒。无论男女，都深受其害。

女孩受到轻视，男孩受到限制。

稍加留意你会发现，在很多重男轻女的家庭里面，被轻视的女孩通常是能干的、能力强的；被重视的男孩通常会成为家里的败家子，或者一事无成。

为什么？

女孩因为不被重视，因为生存环境差，所以不得不靠自己的努力，所以无意中培养了自己的能力。

男孩因为被重视太多，因为被控制太多，最终成为一个巨婴，一生都在为挣脱家族的控制而活，仿佛毁掉自己的人生就能毁掉家族的控制。最经典的例子，莫过于《欢乐颂》里面樊胜美和她哥哥。

胡适说，看一个国家的文明程度，单只看他们如何对待女性和孩子。

重男轻女的家庭，只会让女儿们的内心充满自卑和恐惧。自卑和恐惧不能生出爱，也没有爱的能力。自己没有爱的能力，又如何给孩子一个心理健康的基础？

文明，从尊重生命开始，从尊重女人开始。文明，当从爱女儿开始。

愿每个女孩，都有被爱照亮的生命。

## 人生遭遇无法左右，但你可以决定自己的活法

有一期的《奇葩大会》节目来了一位盲人，他绝对是视障群体里的奇葩。

他玩杂志，做媒体，搞培训，做过很多事情，而且都是他喜欢做的事情，他的人生简直就像开挂了一样。

他认为，在这个世界上，不应该有“残疾人”。

从小双目失明的蔡聪，被医生诊断为不治后，周围的人都对他表示惋惜：“这小子这辈子算完了，差不多就这样了。”老师也不断对蔡聪说：“千万不要有其他的不切实际的想法。”

周围的环境似乎都在给他传递一种信念——“你的人生就这样了”。你的眼睛盲了，你的人生仿佛就已经被定格，已无任何其他选择。

然而蔡聪不这样认为，在他看来，伤残不是优点，但也不是缺点，它只是我们人生中的一个特点。

这些年他一直在给大众传递一种新的理念，他认为“伤残”或者

"视障"只是一个人的特点或者条件，真正让我们的生活遇到很多问题的是我们的社会充满了太多的刻板印象。

这种刻板印象，不光对残障有，对性别、对种族、对贫困、对很多很多方面都有。它像一种信念一样，影响着我们生活的方方面面。

他说："如果有更多的和残障有关的家庭在遇到残障的时候，周围的环境告诉他们，其实他们只是换了一种新的活法，那他们的人生会是什么样子呢？"

如果真的换了一种新的活法，会是什么样子呢？

## *1*

这让我想起了电影《阿甘正传》。

影片开始不久，阿甘的妈妈就告诉了他人生中最重要的一句话，"You are no different than anybody else is"（你和别人没有任何的不同）。

说完这句，电影的画面便跳转到了另一个场景。一个中年男人对阿甘的妈妈说："你的孩子有点不一样。"那是镇上一所学校的校长，校长说阿甘的智商测试只有75。阿甘的妈妈则立即回应道："我们每个人都是不一样的。"

阿甘的妈妈说："他不该去上特殊学校，阿甘应该和其他人一样得到机会。"

坐在办公室外面的阿甘，默默地听着妈妈说过的话。阿甘的妈妈无时无刻不在给她的孩子传递这样一种信念：你和别人没有任何不同。

我和别人没有任何不同，但我们每个人又都是不一样的，因为我们可以选择不同的活法。

正如电影片头和片尾都出现过的那片羽毛，它仿佛就像每个人的人生一样，随风飘零没有定数，你不知道它最后会在何处落地，就像阿甘的妈妈一开始并不知道会成为阿甘的妈妈，就像阿甘一开始并不知道自己的智商只有 75。

人生遭遇无法左右，但我们可以决定自己的活法。

阿甘不介意别人的拒绝，也不在意别人的嘲笑，因为他根植于自己的信念，他的人生只是换了一种活法。

他不停地奔跑，跑出了很多东西，跑出了大学文凭、战争英雄，还有很多人从他的奔跑里，找寻到了自己的人生意义。在他人看来，他已然是世俗的成功者了，甚至是人们的精神导师。但是对于阿甘来说，他只是在跑他自己的人生，跑自己的命运，选择自己的活法。

## 2

年过 75 岁的玛莎·斯图尔特，做了一辈子家庭主妇，却是全美最具影响力的权威女性之一。

她出身贫困家庭，不到 10 岁便去当保姆补贴家用。因为外形不错，后来成了百货商场的模特。靠着当模特赚来的钱，她考入美国顶级女子学院之一的纽约巴纳德学院。

同年，和丈夫相识并结婚，然而婚姻又给玛莎的生活带来了巨大变化，为了支持丈夫的学业，玛莎不得不把事业和学业中断一年。当她想重返模特行业的时候，却又发现已经怀孕，只好再度放弃这份工作，转而成为一名证券经纪人。

好景不长，因为美国金融市场的动荡，她失业了，最后成了一名家庭主妇。

即便如此，她仍然选择活出自己的美丽人生，玛莎和丈夫花掉所有积蓄买下一间旧农舍，刷房子、种蔬果、玩园艺、搞家装……她花了 3 年，把这几年自己做家务的经验写成了一本书《美食飨客》，一出版就好评如潮，受到家庭主妇们的喜爱。

玛莎迅速红遍美国，“玛莎”不单是一个名字，而是一种生活方式，一种活法的代言。

随后，一场官司让她入狱。入狱，人生就完蛋了吗？入狱，也可以换一种活法。

她被分配去打扫监狱卫生，但凡只要是她打扫过的地方，都一尘不染。她每天坚持锻炼、教狱友做美食，还在监狱里开设瑜伽课，空闲时间还编写了下一本新书《玛莎法则》的提纲，甚至她还教狱友创业知识。

**真正的独立，是选择为自己而活。**

阿甘总是提起妈妈和他说过的话：生活就像一盒巧克力，你永远不知道即将面对的是什么。

玛莎却用个人的经历告诉你，人生，不过是换一种活法。无论命运把你放在什么地方，你仍然可以选择活出自己的人生。

在别人看来，这样的人生简直是一部传奇；对玛莎而言，她不过是一直在为自己而活。驱使她开挂人生的动力来自于她内心的召唤，而不是别人看她的眼光，不是环境对她的影响。

## 3

心理学把人的动机分为内部动机和外部动机，内部动机指的是人自发地对所从事的活动的一种认知，如果听从内心的召唤，我们就是自己命运的主角。如果驱使我们的是外部动机，我们就会很容易被外部环境左右，比如别人看你的眼光和对你的评论。

正如蔡聪说的，对于盲人来说，只有三大传统行业的路可以走，乞讨、卖艺和算命。即使是在现代社会，你进入盲校，盲校里面所有的人都会告诉你，将来你是要去做按摩的。

可是蔡聪心里不这么认为，特别是当他和哈本·吉尔玛（Haben Girma）有过一次交谈之后。

哈本·吉尔玛天生失明、失聪，是第一位从哈佛大学法学院毕业的聋哑人，她曾在2015年获得美国白宫引导改变领袖奖，并有幸受到奥巴马总统的接见。如今，她是一位维护残疾人权益的律师。

她告诉蔡聪，自己和其他的兄弟姐妹没有什么不同，都是父母生命里面最珍贵的礼物，自己和其他人又确实有些不一样，但是又有什么关系呢？医生说，不过是换一种活法。于是她学盲文，学定向行走，做她感兴趣的一切事物。

哈本·吉尔玛觉得人们往往会对残疾人抱有消极的态度，总是假定盲人不能做一些事，坐轮椅的人不能做一些事，但实际上，一切皆有可能。

而她自己，就是活生生的证明。

如今，做了父亲的蔡聪依然在用他的行动和工作告诉世界，每个人的缺陷都可以看作是生命的一种特点，不用把问题扩大，不用把缺陷放大。

对于孩子的教育，他有着同样的观念："我们从来没有想过，是不是的我们教育方式并不适合我们所有的孩子，我们是不是应该换一个视角改变我们的教育呢，这是社会模式带给我们全新的思考方式，它的基础在于每一个人都应该是平等的，拥有同等的生命价值和尊严。”

有缺陷，有挫折，有问题，但它就是这么一件事而已，并不意味着你其他方面有问题，并不意味着你生命的整体都有问题。人们可以根据自己的情况在这个世界上自由发展，任何人都有属于自己的活法，任何人都可以拥有属于自己的成功。

## 4

卢梭说，生活得最有意义的人，并不就是年岁活得最长的人，而是对生活最有感受的人。

命运可能会和我们开玩笑，生活可能会给我们诸多坎坷。

也许你会像玛莎一样经历各种人生的坎坷，也许你会像阿甘一样遭遇各种环境的嘲笑，也许你会像蔡聪一样面临各种身体的缺失。

也许，你也可以像玛莎一样活出丰富的人生，你也可以像阿甘一样跑出自己的命运，你也可以如蔡聪一样无视缺失的影响。

也许，你也可以尝试着换一种新的活法。人生遭遇无法左右，但你可以决定自己的活法。

## 好好活着，才是死亡赋予生命的价值

我曾看过一篇新闻报道说，人们对在亲友患病时谈论死亡问题十分忌讳，所以对医院的善终服务也是敬而远之。当有亲友住院，院方询问是否需要善终服务时，大部分人的反应是避而不谈，要么就是指责医院不努力救人。因为我们都忌讳谈论死亡。

一位网友分享说，孩子在学校里学了手工折纸，回到家后折了几朵小花，想送给家里每一个人。当孩子把折好的花拿去送给奶奶的时候，奶奶拿起来一扔："这个是可以戴的吗？纸做的是给死人用的。"

孩子以为自己做得不好，又听到奶奶说"死"，吓得一个劲儿地哭。这位网友说，都不知道该如何跟孩子解释发生的事情。

我们对死亡的恐惧和忌讳，也在这样不经意的过程中传递给了孩子。孩子不知道"死"到底是什么，但是，孩子会在大人们的眼神里、语气里感受到恐惧。

白岩松说："中国人讨论死亡的时候简直就是小学生，因为中国从来没有真正的死亡教育。"

死亡只是生命结束的最后一步，而我们给它赋予了不可言说的恐怖色彩。

所以善终服务在国外发展迅速，但在我们国家仍然停留在起步的阶段。

## 1

作家琼瑶公开了一封写给儿子和儿媳的信，信中说她看了一篇名为《预约自己的美好告别》的文章，有感而发想到自己的身后事，认为万一到了该离开之际，希望不会因为后辈的不舍，而让自己的躯壳被勉强留住而受折磨，也借此叮咛儿子儿媳别被生死的迷思给困惑住。

琼瑶在信中特别发出五点声明叮咛儿子，表示无论生什么重病，她都不动大手术、不送加护病房、绝不能插鼻胃管，最后再次强调各种急救措施也不需要，只要让她没痛苦地死去就好。

琼瑶说这是自己人生中最重要的一封信。时代在不停地进步，不要被牢不可破的生死观和习俗封锁，现在也该到改变观念的时候了。

然而，我们大部分人很少去正视自己的生死观。

我们忌讳谈论死亡，更害怕面对亲人的死亡。每当亲人在面临死亡的时候，无一例外希望能够挽救，这里有情感的因素，也有道德的因素。不想让亲人离去，也害怕内心的自责。

琼瑶发长文交代后事，再次引发了“如何让死亡坦然而有尊严”的热议。

小说家契诃夫死于肺结核。他临死的时候，对医生说：“我很久没喝香槟了。”然后，他的医生给他喝了香槟酒。喝完这杯香槟，他翻过身去与世长辞。

《美女与野兽》的作者让·谷克多说："从我出生时起，死亡就已经慢慢迈出了它的步伐，它走向我，不急不忙。"这位艺术家在某天听闻知己去世的消息时，心脏病突发，随后他说了句"今天是我在世上的最后一日"，便长睡不醒。

死亡对于谷克多而言，突如其来，而他其实早已做好接受的准备。

在死神面前不挣扎，也不畏缩，而是坦然有尊严地接受了生命的必然。

## 2

瑞典作家弗雷德里克·巴克曼说："死亡是一件奇怪的事情。人们终其一生都在假装它不存在，尽管这是生命最大的动机之一。我们其中一些人有足够时间认识死亡，他们得以活得更努力、更执着、更壮烈。有些人却要等到它真正逼近时才意识到它的反义词有多美好。另一些人深受其困扰，在它宣布到来前就早早地坐进等候室。"

巴克曼在他的小说《一个叫欧维的男人决定去死》里面，有不少对孤独和死亡的探讨。

小说主人公——59岁的欧维，因为妻子的离世感到无趣和孤独，决定自行了断生命，却因为各种原因导致计划被阻挠。在这个过程中，欧维重新认识了这个世界，也重新被周围的人认识。

孤独让欧维想到死亡，也让他开始思考死亡对于生命的意义。

在小说《相约星期二》中，莫里说："为什么思考死亡这个问题就这么难呢？我们大多数人都生活在梦里。我们并没有真正地在体验世界，我们处于一种浑浑噩噩的状态，做着自以为该做的事。那么，去面对死亡，拂去外表的尘埃，你便看到了生活的真谛。当你意识到自己终要死去时，你看问题的眼光也就大不一样了，学会了死，就学会了活。”

正视死亡，是为了更好地活着。

## 3

假如你的生命只剩下六个月的时间，你会怎么花？

一位被确诊患有鼻咽癌的朋友对我说，他当时只有一个感受：一片空白，好像什么都没有了。

他说，尽管还是癌症早期，尽管医生预估手术的成功率比较高，就算手术失败也不会那么快死，就算恶化也会有个时间，但是他当时是真真切切地想过，有些什么人要去见，有些什么事要去做，要抓紧时间。

这位朋友说，他读过莫言写的一个故事：

一位同学的太太刚去世，这位同学在整理遗物时发现一条丝巾，那是他们去纽约旅游时在名牌店买的。他太太一直舍不得用，想等一个特殊的日子才用。

讲到这里，他停住了，好一会儿后他说：“再也不要把好东西留到特别的日子才用，你活着的每一天都是特别的日子。”

于是，朋友想到了一部电影《遗愿清单》，这部电影讲述了两个癌症晚期的病人，面对癌症为他们带来的“死刑”，在余下的日子里度过了丰盛和欢乐的人生的故事。

《遗愿清单》里面的两位主角被宣布剩余的时间只有六个月，怎么过剩余的日子？

两个老人在收到死亡判决书后，开始了不留遗憾的旅程。跳伞、文身、跑车、法国大餐、非洲草原、爬长城、登喜马拉雅山、见想见的人、与未和解的过去和解……

生命的最后几个月，竟也成了他们生命中最棒的几个月。

死亡是生命的一部分，如果我们可以放下对死亡的恐惧，孩子便会在我们身上学会对生命的热爱。

谁能知道，是太阳先升起，还是意外先来临？

谁能知道，简单的一句再见是否就终成永别？

趁还活着，放下包袱，见想见的人，去想去的地方，说想说的话，做想做的事。

死亡是一件令人悲哀的事情，可如果从来都没有好好活过也同样让人悲哀。

好好活着，才是死亡赋予生命的价值。

Find the joy in your life（找到生活中的快乐）！

## 跳出命运，才是命运赋予我们的意义

每个人的一生，都会经历无数的变化和感受，这些感受成为我们心灵的记忆，有快乐，也有悲伤。

人的生命，容易是童年经历的一种轮回。我们一辈子都不断地在一些类似的地方摔跤，之所以这样摔跤，一个重要的原因是为了重复以前摔跤的感觉，是修复以前摔跤带来的内心创伤，让我们可以去理解并化解以前的创伤。

曾经有一位网友在微信公众号后台给我留言说她失恋了，失恋的痛苦一直围绕着她，最难受的那段时间，她连工作都辞掉了，整天一个人待在家里，什么动力都没有。

在心理学里面有一个术语叫“**退行**”。意思是当人们在受到挫折或面临焦虑、应激等状态时，就会放弃已经学到的比较成熟的适应技巧或方式，而退行到使用早期生活阶段的某种行为方式，以原始、幼稚的方法来应付当前情景，来降低自己的焦虑。

一段深度的关系的发展或结束，都会让人出现退行。

在心理学家武志红的文章中，有一句很精准的话来描述恋爱——恋爱是重温童年的美好，修正童年的错误。

重温美好，是因为在我们的感受记忆里面，还有童年时段在关系里面的感动和幸福。

修正错误，是因为退行的时候，我们曾受到的创伤会再次激发内心的渴望，这种渴望犹如小时候对父母的渴望一般，期望可以得到父母的爱和接纳。这是我们对被爱、温暖和接纳的渴望。

我们容易将这种渴望投射到外部世界，投射到伴侣、孩子身上，我们期望别人能够给我们一个答案。

但别人不是我们幸福的答案。

## 1

我们生命的最初，是孩子和父母的关系，我们人生最初的几年，就是在和父母之间的关系互动中成长，形成我们的人格模式。这些内化的人格、内化的关系模式将会被我们带到现实生活中。

从少儿到少年，人的自我意识都在不断地成长和发展，再到青春期，大部分人都会出现或多或少的叛逆，因为我们会开始思考“我是谁”。我们曾经是被父母定义的，我们的成长都或多或少地带着父母的期盼和要求，很多人成了乖孩子，但乖孩子背后却是一颗被压抑的心。

当我们成人之后，常常以为新的生活开始了，可以不受过往的影响，可以不受父母的控制，可以远离成长的环境。但是曾经的情绪体验，却犹如编译好的程序，存储在我们的心灵深处。一旦我们遇到一个与过去相似的经历或情感体验，那种创伤的感受，就会把编译好的程序打开，我们很容易掉进感受的回忆里面。

有一位女孩说，她在大学期间有过一段恋情，那是她唯一的一次恋爱，因为毕业找工作分开而分手。这段恋爱已经结束快 4 年了，她始终不敢发展下一段关系，她说她好像不敢再恋爱了，因为“很怕失去，很害怕那种忽然就失去的感觉”。

“忽然就失去的感觉”是什么感觉？

如果追溯到童年的话，大多是因为分离创伤所致。父母们都有过类似的经验，当产假结束要去上班了，当孩子第一次去幼儿园了，无论是孩子还是成年人，都会出现相应的分离焦虑。

很多妈妈表示，每次上班要离开的时候，孩子都会大哭不止，非常让人头疼。狠不下心一走了之，留下了，孩子就一定黏着你不放。为了不让孩子哭，为了不让自己焦虑，也为了不迟到，很普遍的一个做法就是，不让孩子看见，偷偷地离开。

而实际上，对于年幼的孩子来说，妈妈的突然离开，就意味着妈妈消失了。

比如在生命最初几个月里，儿童用眼光追随物体，当物体消失后，他们会移开目光，好像物体从他们的心里消失了。但是 3 个月大时，他们会盯着消失的地方看；再长大一些的时候，他们会搜索消失的物体；到了两岁，孩子会知道即使物体消失了，但它还是存在于这个世界上的。这也就是心理学所指的客体恒常性。

尽管随着孩子年龄的增长，孩子会知道，妈妈离开了还会再回来。但妈妈曾经突然消失的那种恐惧的情绪体验，却已深深地刻进骨子里。

所以，当我们长大了，有着类似的情感体验的时候，那些曾被埋在内心深处的情绪，就会再一次被诱发出来。

## 2

我们从幼儿到少年，从青春期到成年人，一步仿如一生，每一步都在不断地构建我们下一段的生命，每一步又不断重复着我们上一阶段的人生，甚至让我们的孩子，也重复着家族的命运。

生命，像是一个轮回。心理学家会说，这叫强迫性重复，一个人小时候形成的内在关系模式，在不断复制重演。

这种强迫性的感觉，就好像我们已经习惯了曾经拥有过的生活，如果现在的生活变得与过去不一样了，我们就要去做点什么，把现在弄得和过去一个样。

这种感觉，其实是源自于对爱的渴望和证明，我们不敢相信现在的生活，所以总得整点事情出来，让它朝着自己期望的方向走，以期证明自己的自恋是对的。而这种证明的代价常常是非常大的，它通常会把我们的重要关系推向深渊。

犹如我的文章《有一种自卑叫试探人性》里面提到的，那位委托他人用金钱测试女友的男孩，即便是验证了自己内心的想法，可结局又如何？男孩自己内心就先崩溃了，抱住女孩哀求“有话好好说”。

这是男孩想要的结果吗？

可能还真是他想要的。因为自卑，觉得不配得到女孩的爱，所以，要把这份爱再降低一个档次，我知道你不是真的爱我，但我现在求求你不要走。

生命早期的那些深刻的情感体验，刻在了内心深处，已经成为心底难以抹去的烙印。以后的人生，会不断追寻这种体验再一次发生。所以，命运成了一种强迫性重复。

## 3

如果，我们从一开始就能获得来自父母足够的爱，那真的是非常幸运。只是，假若我们的父母，本身也是在匮乏的爱中长大，我们该怎么办?

过去的人生已不可改变，但现在的每一步，却是你对未来人生的谱写。

每个阶段的人生，都有特殊的意义。

童年时，面对来自家庭的创伤，我们只能无奈地承受着。成年时，再次感受到创伤带来的情绪体验时，我们可以是主动的创造者和命运的改写者。

德国哲学家谢勒说：命运不是发生在我们身上的事，而是我们自身的一个组成部分。命运是我们如何运用洞悉力和爱的规律对事件做出反应。

如何去理解命运是我们自身的一个组成部分?关键是去体验和觉知。

体验和觉知，可以让我们从无意识的轮回状态中走出来，去点亮我们生命的自性之光。

尽管，我们也没有得到父母足够的爱，但至少知道，可以不让孩子去承担成人的情绪。而养育好孩子，很多时候是在修复内在孩子的创伤。所以，很多朋友做了父母后都发现，孩子出生后，他们跟着孩子成长而成长了，也许一开始是为了孩子，越往后才越发现，是孩子帮助了自己成长。

**在你的生命中去发现爱的存在，并将爱活出来。那些原本被痛**

**苦、焦虑、孤独折磨的内心，就可以重新和这个世界发生链接，人的自我成长与修复，就是一条自我救赎之路。**

尽管我们会经历一些艰难的历程，但那些熬过的苦和夜，流过的泪和汗，都会铺成一条宽阔的路，通向未来我们想去的地方。也许我们一生都有无法摆脱的恐惧，但至少知道，黑暗中，还有心底种下的那束光。

很喜欢荣格的这句话：**“每个人都有两次生命。第一次是活给别人看的，第二次是活给自己的。”**

我希望我们的第二次生命，从现在就开始，更好地活出自己，真实的自己。

真正的生活，不管什么时候开始，都不会太晚。

跳出命运，才是命运赋予我们的意义。